HCDライブラリー 第7巻

人間中心設計における評価

著
黒須正明
樽本徹也
奥泉直子
古田一義
佐藤 純

編
黒須正明
松原幸行
八木大彦
山崎和彦

近代科学社

◆ 読者の皆さまへ ◆

　平素より、小社の出版物をご愛読くださいまして、まことに有り難うございます。
　（株）近代科学社は 1959 年の創立以来、微力ながら出版の立場から科学・工学の発展に寄与すべく尽力してきております。それも、ひとえに皆さまの温かいご支援があってのものと存じ、ここに衷心より御礼申し上げます。
　なお、小社では、全出版物に対して HCD（人間中心設計）のコンセプトに基づき、そのユーザビリティを追求しております。本書を通じまして何かお気づきの事柄がございましたら、ぜひ以下の「お問合せ先」までご一報くださいますよう、お願いいたします。

　お問合せ先：reader@kindaikagaku.co.jp

　なお、本書の制作には、以下が各プロセスに関与いたしました：

- 企画：小山 透
- 編集：安原 悦子
- 組版：加藤文明社（InDesign）
- 制作協力：tplot inc.
- 印刷：加藤文明社
- 製本：加藤文明社（PUR）
- 資材管理：加藤文明社
- カバー・デザイン：竹内公啓

本書に記載されている会社名・製品名等は、一般に各社の登録商標または商標です。本文中の©、®、™等の表示は省略しています。

- 本書の複製権・翻訳権・譲渡権は株式会社近代科学社が保有します。
- |JCOPY| <（社）出版者著作権管理機構 委託出版物>
本書の無断複写は著作権法上での例外を除き禁じられています。
複写される場合は、そのつど事前に（社）出版者著作権管理機構
（https://www.jcopy.or.jp、e-mail: info@jcopy.or.jp）の許諾を得てください。

「HCDライブラリー」刊行にあたって

　人間中心設計（HCD）を広く社会へ普及させるために、人間中心設計推進機構（HCD-Net）と近代科学社で「HCDライブラリー」という、人間中心設計（HCD）を学ぶためのシリーズを企画いたしました。

　人間中心設計（HCD）とは、利用者の特性や利用実態を的確に把握し、開発関係者が共有できる要求事項の下、ユーザビリティ評価と連動した設計をすることで、より有効で使いやすい、満足度の高い商品やサービスを提供する一連の活動プロセスです。最近では、商品そのものに限らず、商品を利用するための仕組みや付加価値の提供などを通じたユーザー体験（エクスペリエンス）の全体を対象としています。ユーザエクスペリエンスデザイン（UXD）という言葉も広く使われるようになっていますが、人間中心設計とユーザエクスペリエンスデザインは、とても近い概念です。

　「HCDライブラリー」は、現在、企業で人間中心設計（HCD）を導入しようと検討している経営者、企画者、技術者やデザイナーにとって必須となるものです。また、人間中心設計（HCD）を学ぶ学生たちにとっては、教科書のような存在ともなります。したがいまして、これらは、セミナーや授業、研修会などにも活用していただくとともに、自習書として一人で学ぶ人にも好適です。

　このシリーズは黒須正明氏、松原幸行氏、八木大彦氏と山崎和彦の4名が企画編集を担当しています。これまで第0巻『人間中心設計入門』、第1巻『人間中心設計の基礎』、第2巻『人間中心設計の海外事例』、第3巻『人間中心設計の国内事例』と刊行し、本刊の第7巻『人間中心設計における評価』で5冊目になります。今後も順次HCD関連の書籍を追加していく予定です。各巻は、多くの著者と編集者とともに、これを支えるHCD-Netの関係者、近代科学社の関係者の協力によって制作しております。ご協力していただいている皆様に深く感謝いたします。

編集者を代表して、山崎和彦
2019年3月

■特定非営利活動法人 人間中心設計推進機構（HCD-Net）とは
　HCD-Netは、HCDの普及・啓蒙のため、HCDの技術や手法を研究・開発し、様々な知識や方法を適切に提供することで、多くの人々が快適に暮らせる社会づくりを目指す団体です。2005年の設立以来、拡大を続け、現在では企業や大学を中心に多くの正会員と賛助会員が在籍しています。
　HCD-Netでは、フォーラム、サロン、講習会、研究発表会など様々なイベントを行い、会員にはニュースレターを送付し、雑誌『人間中心設計』を刊行するとともに、人間中心設計専門家の認定制度を運用しており、HCDに関して多面的な活動を行っている。最新情報については、ぜひhttps://www.hcdnet.org/にアクセスしてみていただきたい。

はじめに

　本書は、近代科学社のHCDライブラリーの一つとして、人間中心設計における評価という活動について、その技法や進め方を中心に解説したものである。評価活動についてはすでにいくつかの書籍が刊行されているが、その中で、本書の特徴としては以下の点があげられる。

①ユーザビリティ評価の歴史について綿密な調査を実施したこと
②認知心理学的な知識との関連性を具体的に示したこと
③ユーザビリティテストについて、実際の適用事例を紹介することで、実践のための手がかりを与えたこと
④まだあまり知られていないUX評価の手法について体系的に示したこと

　人間中心設計という考え方については、このHCDライブラリーの第1巻『人間中心設計の基礎』を参照していただきたいが、ISO9241-210：2010の旧版であるISO13407:1999によって提示されたもので、人工物を使う利用者のことを考えて、その特性や利用状況に適合したものづくり、ことづくりをしようというスタンスのことである。その適用対象としての人工物として、当初ISO13407は製品のことと説明していたが、その後ISO9241-210では製品、サービス、システムというように拡張されている。外形のある製品はものづくりに、外形のないサービスはことづくりに対応している。なお、システムという概念はこの規格のなかでは明確に整理されていない。いずれにしてもユーザー（利用者ないし使用者）としての人間を中心に位置づけて考えようとする姿勢であり、ユーザー中心設計という言い方がされることもある。なお、人間中心設計という表現は、Human-Centered Designの略でありHCDと略される。ちなみにユーザー中心設計の原語表現はUser-Centered DesignでありUCDと略される。
　ところで、人間中心という概念にはHuman-Centeredという言い方に似たものとして、Anthropo-Centeredというものがある。これは人類中心とでも訳すべきもので、進化の過程で最高位に位置するのは人類だという進化論的な考え方がベースになっており、しばしば他の生物種に対して支配的、越権的なスタンスを取ろうとするものである。当然ながら、この考え方は生態学的に適切とは考えられず、現在では批判されるものとなっている。もちろん、HCDの考え方はAnthropo-Centeredではない。近年、持続可能性（Sustainability）の考え方が人間とコンピュータの相互作用（HCI：Human Computer Interaction）という研究領域でも論じられることが多くなってきており、地球環境を守りながら人間にとって適切な人工物を開発していこうという考え方が中心となりつつある。
　技術開発の勢いは20世紀に入ってからどんどん加速しており、我々の身の回りには様々な人工物が新たに登場している。これは技術が進歩した結果ではあるが、人間中心主義という考え

方が登場する以前は、人工物開発においては技術中心主義とでもいうべき考え方が支配的だった。技術中心主義は、既存の技術や新たに開発された技術を中心にして、それを活用した何か新しいものを開発しようという指向性を持っている。つまり、機能や性能を重視した開発姿勢で、できあがったものが本当に人々のニーズに適合しているのかどうかを厳密に問おうとしない。その考え方は、サリバン (Sullivan, L.H.) が提唱しバウハウス (Bauhaus) が強調した「形態は機能にしたがう」という機能主義的な考えにつながるものである。その結果、20世紀の終わり頃には、使いにくいもの、使い方がわかりにくいもの、本当に必要ではないものが市場にあふれることになった。それまでの時代においては、テレビにしても冷蔵庫にしても電話にしても、技術中心主義で開発されたものは人々に便益を提供してきたのだが、市場に人工物があふれ、飽和状態に近くなってくると、消費者である人々は、新しい人工物に目を向けようとしなくなってきた。

　この危機的状況に登場したのが人間中心主義である。これはユーザー中心主義といってもよいものだが、ユーザーの特性や人工物の利用状況を確実に把握し、それに適合した人工物を提供しようとする立場である。クリッペンドルフ (Krippendorff, K.) の提唱する人間中心のデザインも同様の考え方である。また前述した「形態は機能にしたがう」という機能主義のテーゼは「形態はユーザーの使い勝手にしたがう」と言い換えることもできる (もちろん機能を全面的に否定するものではない)。本ライブラリーの第5巻『ユーザー調査』(2019年4月現在未刊) は、そうした目的のために、どのようにしてユーザーの特性や利用状況、そしてユーザーのニーズや必要性を把握すればよいかというやり方を説明するものである。しかし、ユーザー調査をすればそれでよいと言うわけではない。設計開発には多くの人達が関与するために、当初、目標としていた方向から人工物のコンセプトや特性がずれてきてしまうことがある。あるいは、当初の目標水準に到達していないこともある。したがって、ユーザー調査に基づいて設計を行ったら、その設計した内容がきちんとユーザーの特性や利用状況、ニーズ、必要性に適合しているかを確認する必要がある。これがこの巻が担当する「評価」の部分である。

　評価には人工物の品質に関して2つの種類がある。一つは、設計時の品質に関するものであり、設計作業の流れのなかで実施すべき評価である。しかし、設計段階では、まだその人工物の可能性を高めておくことしかできない。実際の現場で、ユーザーが人工物を利用したとき、その人工物がどのように受け取られるかはわかっていない。人間が気まぐれだということもあるが、そもそも設計時に想定したユーザー特性や利用状況が (たとえユーザー調査に基づいたものであったとしても)、実際のユーザー特性や利用状況にきちんと適合しているかどうかはわからない。さらに、実際の利用現場では、設計者が予想していなかった使い方をすることもあるし、予想していなかった擾乱要因が影響を及ぼしてくることもある。したがって、もうひとつの評価である利用時の品質に関する評価を行う必要がある。一般的な言い方をすれば、前者はユーザビリ

ティの評価であり、後者はUX（User Experience、ユーザー経験、ユーザー体験、ユーザエクスペリエンス）の評価である。

　そのため、本書は大きく2つの部分に分けられる。前半がユーザビリティの評価であり、後半がUXの評価となっている。どちらの評価にも、これまでに多数の手法が開発されてきているが、特にユーザビリティの評価は比較的長いこと行われてきたこともあり、ある程度技術的には枯れた領域となっている。そこで本書では、インスペクション法とユーザビリティテストの2つを中心にして執筆することにした。反対に、後者のUXの評価は、まだ本書執筆時点でも手法の開発や提案が行われており、ある程度は整理されつつあるものの多くの手法が乱立している状況である。そこで本書では、UXの評価法についてまとめた和書がまだ刊行されていない状況であることもあり、比較的多くの手法を紹介することにした。

　本書はHCDに関連した評価法についてまとめたもので、少なくとも日本では類書は少ないと思う。その意味では、読者諸氏のお役に立てる本になっていると思う。本書を活用して、人工物の設計時品質と利用時品質の向上を期していただければありがたい。

2019年3月
著者を代表して、黒須正明

目次

「HCD ライブラリー」刊行にあたって　　　　　　　　　　　　　　　　　　　i
はじめに　　　　　　　　　　　　　　　　　　　　　　　　　　　　　　　　ii

第1章 評価とは
1.1 評価とはなにか　　　　　　　　　　　　　　　　　　　　　　　　　2
1.2 なぜ評価をするのか　　　　　　　　　　　　　　　　　　　　　　　3
1.3 どのような特性を評価するのか　　　　　　　　　　　　　　　　　　4
1.4 評価した結果をどう使うのか　　　　　　　　　　　　　　　　　　　6
　　　　1.4.1 ユーザビリティ評価の場合　　6
　　　　1.4.2 UX評価の場合　　7
1.5 評価法の概要　　　　　　　　　　　　　　　　　　　　　　　　　　8

第2章 ユーザビリティ・インスペクション
2.1 インスペクション法とは　　　　　　　　　　　　　　　　　　　　12
　　　　2.1.1 はじめに　　12
　　　　2.1.2 インスペクション法小史　　12
　　　　2.1.3 インスペクション法の現在　　14
2.2 インスペクション法のバックグラウンド　　　　　　　　　　　　　15
　　　　2.2.1 デザイン原則　　15
　　　　2.2.2 人間の認知特性　　18
　　　　2.2.3 認知特性を活かしたユーザーインタフェースデザイン　　23
2.3 ユーザーの多様性への配慮　　　　　　　　　　　　　　　　　　　28
　　　　2.3.1 障がい者への配慮　　28
　　　　2.3.2 シニアへの配慮　　38
2.4 インスペクション法の実際　　　　　　　　　　　　　　　　　　　42
　　　　2.4.1 評価の準備　　42
　　　　2.4.2 評価の実施　　43
　　　　2.4.3 評価結果の取りまとめ　　44
　　　　2.4.4 レポートの作成　　45

第3章 ユーザビリティテストと関連手法
3.1 ユーザビリティテストの歴史　　　　　　　　　　　　　　　　　　50
　　　　3.1.1 ユーザビリティテストの拡がり　　50
　　　　3.1.2 日本国内の変遷　　52

3.1.3 スタイルの拡がり　53
　3.2 ユーザビリティテストの位置付け ･････････････････････････････ 55
　　　3.2.1 なぜユーザビリティテストが必要なのか　55
　　　3.2.2 ユーザビリティテストの実施タイミング　56
　　　3.2.3 ユーザビリティテストが向かないこと　57
　3.3 ユーザビリティテストの手法 ････････････････････････････････ 57
　　　3.3.1 思考発話法(Think Aloud Method)　57
　　　3.3.2 回顧法(Retrospective Method)　58
　　　3.3.3 アイトラッキング分析　58
　　　3.3.4 実施形式　59
　3.4 ユーザビリティテストの定量指標 ････････････････････････････ 60
　　　3.4.1「有効さ」に関する指標　60
　　　3.4.2「効率」に関する指標　61
　　　3.4.3「満足度」に関する指標　62
　3.5 ユーザビリティテストの実際 ････････････････････････････････ 63
　　　3.5.1 計画　63
　　　3.5.2 プロトタイプ作成　65
　　　3.5.3 リクルート　66
　　　3.5.4 機材、準備　69
　　　3.5.5. タスク設計　72
　　　3.5.6 進行シート作成　76
　　　3.5.7 実査の流れ　81
　　　3.5.8 集計、分析　89
　　　3.5.9 報告書の作成　92
　3.6 ユーザビリティテストの事例 ････････････････････････････････ 94
　　　3.6.1 評価対象プロダクトの概要　94
　　　3.6.2 テスト設計　95
　　　3.6.3 対象者選定　99
　　　3.6.4 タスク設計　102
　　　3.6.5 進行シート作成　107
　　　3.6.6 実査　114
　　　3.6.7 分析　118
　　　3.6.8 報告書作成　124

第4章 質問紙法
　4.1 ブルック(1996)のSUS ････････････････････････････････････ 128

  4.2.1 得点の解釈　129
- 4.2 サウロ(2015)のSUPR-Qとライヒヘルド(2003)のNPS　131
- 4.3 シュナイダーマン(1998)のQUIS　133
- 4.4 キラコウスキー他(1998)のWAMMI　134
- 4.5 イード・富士通のWeb Usability Evaluation Scale (2001)　135
- 4.6 Product Reaction Card (Microsoft)　136
- 4.7 SD (Semantic Differential)法　138
- 4.8 AttrakDiff　140

第5章 UXの評価

- 5.1 UXを評価する　142
  - 5.1.1 満足度という指標　142
  - 5.2.1 UX評価のタイミング　143
- 5.2 UX評価法の分類　148
- 5.3 インフォーマントの確保　149
- 5.4 感情の評価法　150
  - 5.4.1 感情とは　150
  - 5.4.2 古典的評価法　151
  - 5.4.3 覚醒度と感情価による評価法　151
  - 5.4.4 表情イラストを用いた評価法　154
  - 5.4.5 投影法の考え方を用いた評価法　156
  - 5.4.6 ユーザビリティテストに似た評価法　157
  - 5.4.7 質問紙法　158
- 5.5 リアルタイムな手法　158
  - 5.5.1 経験サンプリング法(ESM)　159
  - 5.5.2 日記法　162
  - 5.5.3 DRM (Day Reconstruction Method)　163
  - 5.5.4 TFD (Time-Frame Diary)　165
- 5.6 記憶をベースにした手法　167
  - 5.6.1 CORPUS　168
  - 5.6.2 利用年表共作法　169
  - 5.6.3 iScale　170
  - 5.6.4 UXカーブ　173
  - 5.6.5 UXグラフ　174
  - 5.6.6 経験想起法(ERM)　177
- 5.7 評価した結果の活用　178

付録

　　付録A：テスト参加者用アンケート ……………………… 182
　　付録B：進行シート ………………………………………… 187
　　付録C：報告書 ……………………………………………… 197

引用文献 ………………………………………………………… 205

索引 ……………………………………………………………… 210

第1章
評価とは

　この章では、「評価」についての概要を簡単にまとめておく。評価の位置づけ、その目的、評価対象となる特性、評価結果の使い方、評価手法の分類整理である。

1.1 評価とはなにか

　評価とは、対象となる概念について測定し、その適否を判断することである。したがって、まず対象概念が明確になっていなければならない。世間には、この点で不明瞭な評価法がたくさんある。特にUXについてその傾向が顕著で、UX評価とうたっていながら、ユーザビリティについての評価を行っているようなものすらある。そこで、本書では1.3節で、まずその点について明確にしておくことにした。概念整理という作業は面倒なので、できれば回避したいと考える人も多いだろうが、避けて通ることはできない。

　たとえば、照明の明るさを照明器具表面の温度と混同するようなことはまずないだろうが、照明の明るさと眩しさの関係を区別せず、眩しさの指標として光源の輝度を利用してしまうような間違いは、結構あるものだ。もちろん両者の間に関係はあるが、明るさは原因のひとつであり、眩しさは結果である。眩しさには、光源の輝度の他にも、それまでに順応していた明るさの水準もあるだろうし、明かりがついてからの時間経過なども影響する。だから関連する要因を整理し、自分が何を測定しているのかをきちんと確認することが必要なのである。いいかえれば、ユーザビリティとは何であり、UXとは何であり、さらに両者はどのような関係にあるのかをきちんと整理しておかなければ、その測定も評価もできないことになる。

　つぎに、評価は単なる測定と区別されなければならない。もちろん測定は前提となるが、それで終わってしまうのでは意味がない。どのような点で優れているのか、どのような点で改善を要するのかが指摘されなければならない。この作業は、測定が定量的な指標に基づくもので、評価尺度があらかじめ設定されているような場合は比較的容易である。その評価尺度に閾値を設定しておき、それを越えたら優れている、あるいは問題がある、と評価するわけである。ただし、尺度の持つ評価的な側面が明確でない場合には面倒なことになる。

　たとえば機器の重さを「重い-軽い」という5段階の尺度で評価したとすると、その尺度が重さについて測定するものであることは明瞭だが、重すぎてもっと軽くする必要があるのか、軽すぎてもう少し重くする必要があるのかという評価的側面は明確ではない。これは、そもそも「重い-軽い」という中性的な意味合いの尺度を用いたことに問題があるわけで、「重すぎる-軽すぎる」という評価的な意味合いの尺度を使わねばならない。これは、いわば測定の意味に関わる問題で、特にユーザビリティやUXでは、評価的な意味を求めなければ実用的な場面で意味をなさないことになる。

　定量的な測定でなく、定性的な測定ないしは調査を行ったときにも困難な問題はある。一般に自由な発話や記述は、必ずしも評価にはなっておらず、印象を記述しただけのことが多いから

である。しかし、そうした一般的記述のなかに混じって、評価的な表現がある場合には、特に注目すべきである。それは「〜で苦労した」「〜できなくなってしまった」「〜であればよいと思った」などの語尾で表現されることが多い。これとは反対に、「〜はありがたかった」「〜が嬉しかった」などの肯定的表現が使われることもある。こうした点に留意して、良い点を確認し、悪い点を把握することが必要なのである。

　追記しておくと、評価というのは問題点の把握、つまり要改善点の明確化のためだけに行うものではない。もちろん良くない点を明らかにして改善することはとても重要だが、反対に良いとされている点を確認することも必要である。それは単に設計サイドが安心するためのものではない。その良さを次のバージョンで改悪してしまわないように、良い点はそのまま継承するという態度が必要だからである。これは著名なメーカーの製品でもしばしば起こってしまうのだが、折角ユーザーが気に入っていたのに、次のバージョンでは余計な改変をしたために、かえって使い勝手が損なわれてしまうことがある。そのような事態は絶対に起こさないようにしなければならない。

1.2 なぜ評価をするのか

　評価を行う目的については、すでに前節の末尾に書いておいた。すなわち、良い点や悪い点を確認することにより、次のバージョンでは、その良い点を維持したまま、悪い点を改善することである。もちろん設計サイクルのなかで評価を行っている場合には、i番目のプロトタイプにおけるユーザビリティの問題をi＋1番目のプロトタイプで改善し、さらに完成度を上げていくことができる。しかし製品として市場に出してしまった後は、基本的には、次のバージョンないし次機種で対応することになる。

　ただし、たとえば自動車の安全性については、次の機種の販売まで待つのではタイミングが遅く、それまでに事故が起きてしまうこともあり得るので、リコール制度というものが整備されている。電気製品やガス製品でも同様のことがある。事故が起きてからでは遅いので、こうした対応が求められるのだ。しかし、これは安全性についての話であり、ユーザーの生命や財産に大きな影響を及ぼさないユーザビリティやUXの場合には、そのためにリコールを行うことは基本的にはまずない。いいかえれば、設計サイドやユーザーサイドで問題点に気づいても、次のバージョンを改めて購入するか、利用を諦めるしかない。だが、これは企業の社会的責任という点では重大な瑕疵であり、強く心してリリース前の製品の完全さを期すようにしなければならない。なお、

ウェブサイトやソフトウェア製品のオンラインアップデートなどは、こうした問題の例外である。ウェブサイトなどの場合には、いったんサイトを公開してしまった後でも、問題点に気がつけば、それを改善し、内部的に評価確認した後に随時バージョンアップすることができる。

このように逐次的に改善してゆくアプローチをインクリメンタルデザイン、つまり少しずつ良い点を増してゆくデザインと呼ぶこともある。人間のやることは完璧ではないから、たとえ評価を行ったとしても、実際の利用状況のなかでは、使いにくいことも起きるし、ユーザーがやりたいと思ったことがすんなりとできないことも起こり得る。したがって、重要なのは修正に対する柔軟な態度と身軽な行動である。設計側がいくらよいだろうと考えていても、ユーザーの気持ちがそれに対応してくれないことがわかったら、即座に対応する、ということだ。そしてさらに重要なのが、企業としての社会的責任感である。企業活動は営利活動であり、利益を得ることを目的としているが、そうして利益を得る行動には責任が伴う。安全性、あるいは信頼性などの問題では、マスメディアでも叩かれるために、企業は社会的責任に敏感にならざるを得ないが、ユーザビリティやUXについても、代価を得るかわりに、市場に出した責任感を強く持つべきである。

1.3 どのような特性を評価するのか

それでは、評価に関わる特性はどのようなものだろうか。図1-1に黒須が2014年以来提示してきた品質特性モデルを掲げる。このモデルはISO/IEC 25010：2011やISO9241-11などを参考にしてまとめたもので、何回か改定を行ってきており、図のものは2018年版である。

設計時品質とは、人工物の提供側で設計作業を行っているときに目標とする品質のことで、従来の品質保証の活動のなかで扱われていたような品質である。注目すべき点は、そのなかの多くの品質が-abilityという語尾を持っていることだ。-abilityというのは能力という意味であり、ユーザビリティも利用することができるという能力を表す言葉である。いいかえれば、能力の有無は問題となっているが、それが利用の現場で実際のユーザーによって使われたときにどうなるか、つまりUXという面については、必ずしも保証されてはいない、ということだ。この点がユーザビリティとUXの大きな相違点であることに注意する必要がある。この設計時品質に対して利用時品質は能力ではなく、人工物が利用の現場で実際のユーザーに使われたときの品質のことである。そのことから考えれば当然のことだが、UXはこちらの品質に関係している。

客観的品質と主観的品質の区別に関して言えば、まず前者は客観的に観察し測定し評価する

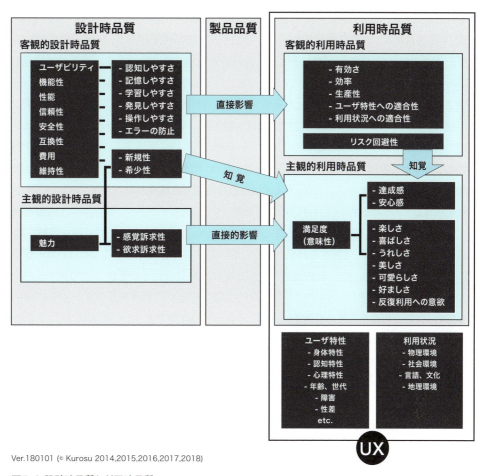

Ver.180101 (© Kurosu 2014,2015,2016,2017,2018)

図1-1 設計時品質と利用時品質
　ここには多数の品質特性が図示されているが、大きくは、左側の設計時品質と、右側の利用時品質、そして上側の客観的品質と下側の主観的品質とに区別される。

ことができる品質特性である。たとえば設計時品質の一つであるユーザビリティは、記憶のしやすさや学習のしやすさといった副品質特性を含んでいるが、記憶のしやすさは機能の名称や操作の手順をどれだけ容易に記憶できるかを再生率などの形で把握することができるし、学習のしやすさはどれだけ練習すればどの程度の性能を発揮できるようになるかという学習曲線という形で把握することができる。また、利用時品質の一つである有効さは、所定の時間内で正しい操作が行えた比率として測定できるし、効率は、自然に操作させたときの所要時間として測定できる。このように客観的品質は、基本的には物理的測度によって測定し、表現することができる。

それに対して、主観的品質は人間の心の内側に起こる事象に関係しているので、それを計測しようとする場合には、皮膚電気抵抗や脳波などの生理学的指標を使うか、評定尺度のような心理学的指標を使うか、自由記述やビデオなどの記録を利用する必要がある。生理学的指標は、機器の準備などが大掛かりになるので、ユーザビリティを評価する場合には利用できても、日常経験であるUXを測定し評価しようとする場合には利用が困難である。評定尺度は数値的な結果が得られるため、あとの処理が容易で、結果の説明もしやすいというメリットはあるが、ユーザーの経験にダイレクトに切り込むわけではないので、間接的に把握することになる。そのため、定性的データとも呼ばれる発話や筆記記録、カメラ、ビデオ記録などを使ったフィールド調査の手法が用いられることが多い。ただ、たとえば自由な発話だと焦点が絞りきれないため、所定の書式を用意しておくことがよく行われる。

　すでに述べたように、UXは利用時品質に関係するため、ユーザーの主観的経験が集約されている主観的利用時品質に注目する必要がある。図の右下の部分である。ここで、設計時品質のうち、ユーザビリティなどの客観的品質は、人工物の出来具合がどの程度かを知覚することによって影響が及ぼされるし、魅力のような主観的品質は直接的に影響を及ぼす。さらに利用時品質でも、有効さや効率などの客観的品質は、それがどの程度であったかを知覚することによって、主観的利用時の品質に影響が及ぼされる。このようにして、品質特性は、最終的には主観的利用時品質に集約される。この品質については、うれしさやありがたさなどもあるが、総合的な指標としてはISO9241-11でも取り上げられた満足度がよく使われる。ちみに経済学では効用(Utility)の指標として満足度が使われることが多い。UXの評価指標として満足度を使うのは、このような理由からである。

1.4 評価した結果をどう使うのか

1.4.1 ユーザビリティ評価の場合

　ユーザビリティ評価を行ったら、すでに述べたように、その結果を設計に反映する必要がある。このことはISO9241-210でも、PDCAやPDSAの枠組みでも、デザイン思考の枠組みでも同一である。設計に評価結果を反映するためには、評価結果が良かったのか悪かったのかが明確になっていなければならない。何か測定を行ったが、結果の解釈に困ってしまい明確な判断が下せないということになっては、何のために測定を行ったのかがわからなくなる。

　その意味では、あらかじめ適切な評価法を選択しておく必要がある。結果を出してしまってか

ら、こういう結果になったんですけどどうしましょうか、という態度で相談に来られても困るのだ。そうならないためには、あらかじめ基準を明確に設定しておく必要がある。たとえば5段階の評定尺度を使うなら、4.0以上のポイントになったら、それは強く推奨されることなので、設計の都合で勝手に変更したりしない断固とした姿勢が必要だとか、2.0以下のポイントだったら、それは明らかに悪い点なので、どんな努力を払ってでも解決しなければならないという強い姿勢を持つことが必要になる。また分析の方法もあらかじめ考えておく必要がある。たとえば自由発話のデータの場合にはSCATなどの分析ツールを使うとか、発話のなかに含まれている形容詞をカウントするとかである。

　こうして評価結果が得られたなら、それを評価担当者のセクションから関係者に向けて強く発信しなければならない。そのためには、評価を行う前の段階で、評価のプランニング作業を設計者やデザイナーなどの関係者とともに行っておくのがよいだろう。突然評価結果を突き付けられ、設計の変更を求められても、彼らは当惑し、時には怒り出してしまうかもしれない。ただ、ユーザビリティの評価については、設計関係者の間で情報伝達をすればよいので、比較的良好な関係が作られやすい。

1.4.2 UX評価の場合

　しかしUXの評価については、評価結果が有効に活用されるパスがきちんとできていないことが多い。調査を担当とする部署と、その結果を反映すべき企画担当部署との間に壁のあることが多く、調査部門が実施した調査の結果が開発に有効に利用されないことがあるためだ。企画部門は独自に入手した市場調査の結果に基づいて企画作業を進めようとする。さらに、ユーザーサポート部門から得られる情報は重要なUXデータと考えられるのだが、その担当部署と調査担当部署、そして企画担当部署との間の情報の流れが円滑にいっているケースはまれである。

　こうした現状を振り返ると、ユーザビリティやUXに関する評価活動が、社内の活動全体のなかにいかに有機的に統合されているかが、製品やサービス、システムのユーザビリティの向上、さらにはUXの向上につながっているといわねばならない。社内の道筋づくりが評価活動と並行して進められなければならないのである。

　また、ユーザビリティ評価は当該の人工物の設計内容に反映されることが多いため、その品質を担保することが可能だが、UXの評価では、いったんその人工物を市場に出してユーザーに使ってもらうことが前提となる。つまり、既存の人工物の改訂版やバージョンアップの時には、既存の人工物のUX評価を行うことにより、その結果を開発中の人工物に反映することができるが、新規の人工物の場合には市場にリリースしてからある程度の時間が経過しなければUX評価を行えないという問題がある。世間がUXというキーワードで騒いでいるために、余計、UXを

事前に把握したいというニーズが企業サイドに生じてしまっていると思われるが、経験する前に経験した情報を得ようとするのは所詮無理な話である。

　仮に、疑似的経験でもよいからという考えで、ユーザーに試作品やリリース前の製品を使ってもらって1〜2週間後にUXの評価らしきものを得たとしても、疑似的経験はホンモノの経験ではない。まず購入の動機が実際とは異なる。自分で決断し、自分のお金を払って購入したものと、他人から依頼され、無償で、いやむしろ謝礼をもらって手に入れたものとでは、思い入れの度合いも違うし、利用しようという動機の強さも違う。そのユーザーに本当に利用したいという欲求があればよいが、そうでなければ利用への動機も実際とは異なることになる。当然、利用の感想を聞かれても、自我関与度の低い、とおり一遍のものになってしまうだろう。このような理由から、疑似的経験による評価は参考にならないわけではない程度のもの、と考えておくべきである。

　したがって、新バージョンの設計開発を行うときには、旧バージョンにおける経験評価を参考にすべきだし、旧バージョンのないまったくの新製品の場合には、その製品と同じ目的を達成するために利用されていた人工物の利用経験の評価を得るようにするべきである。製品やシステムの利用経験というものは、購入時点や購入直後に評価するだけでは不十分であり、その後、実利用のなかで、様々なエピソードがあり、その結果としての現時点での評価があるものだ。さらにその現時点での評価すら、その後のエピソードによって変化し得る。だから真剣にUXということを考えようとするなら、そのための労を厭うようではいけない。

1.5 評価法の概要

　人間中心設計に関係する評価法を表1-1にまとめた。それらの評価法は、まず大きく設計時に利用されるユーザビリティ評価法とユーザーが実利用を開始してから利用するUX評価法に区別される。

　インスペクション法は、対象となった人工物の多様な側面を幅広く見渡して評価できるのだが、反対に特定の操作について深い評価をすることが時間的な制約などから困難である。また、あくまでもユーザビリティ専門家による評価なので、実際のユーザーの行動が操作系列のなかでどうなるかは、厳密には予測の域を出ず、その点はユーザビリティテストに任さざるを得ないからだ。いいかえれば、インスペクションによる評価は、問題点の粗出しだと考えるのがよい。確定的な評価結果とみなすよりは、こうした点に問題がありそうだ、という見込みを得ることが目的と

表1-1 本書で紹介する評価法

設計時の評価	インスペクション法	ヒューリスティック評価	
		認知的ウォークスルー	
		多元的ウォークスルー	
		機能インスペクション	
		一貫性インスペクション	
		標準インスペクション	
		フォーマルユーザビリティインスペクション	
		エキスパートレビュー	
	ユーザビリティテスト	基本的手法	思考発話法（発話思考法）
			回顧法
			アイトラッキング分析
		実施形式	対面型ユーザビリティテスト
			同期型リモート・ユーザビリティテスト
			非同期型リモート・ユーザビリティテスト
利用時の評価	質問紙法	SUS	
		SUPR-Q, NPS	
		QUIS	
		WAMMI	
		Web Usability Evaluation Score	
		Product Reaction Card	
		SD法	
		AttrakDiff	
	感情の評価	想像報告	DES
		座標系	Affect Grid, 2DES, SAM
		イラスト	Emocards, PrEmo 1&2, PMRI
		投影法	3E
		回顧評価	Emo2
		質問紙	POMS2, 気分調査票
	リアルタイムUX評価	リアルタイム	ESM
			EMA
		準リアルタイム	日記法（diary method）
			DRM
			TFD
	記憶によるUX評価	CORPUS	
		利用年表共作法	
		iScale	
		UX curve	
		UX グラフ	
		経験想起法（ERM）	

なる。したがって、評価を行う際にはまずインスペクション法を実施し、どのような点が大きな問題になり得るかを検討することがよいだろう。

ユーザビリティテストは、インスペクションとは反対に、具体的な問題を深く解き明かすことができるが、その粒度を保ったまますべての問題点を調べることはできない。したがって、インスペクション法で見いだされた重要な問題点を中心にタスクを設定し、そのタスクに関してテストを行うことが望ましい。もちろん、インスペクション法を行わずにユーザビリティテストを行うこともできるが、どのようなタスクを設定しようかと考えているときの評価者の思考プロセスは、実質的にはインスペクション法による評価と同様のことを行っているとみなせる。

UXについての評価は、後に詳しく解説するが、現在はまだ多様な手法が提案されている状況であり、どれが推奨できる手法かを断定することは困難である。それぞれの手法についての特長は説明しておいたので、自分の目的にあいそうな手法を選択されるのがよいだろう。

なお質問紙法は、ユーザビリティ評価（設計時の評価）でもUX評価（利用時の評価）でも利用される。比較的短時間で実施でき、多数のユーザーの回答を集めやすく、結果を定量的に処理できるというメリットがあるが、具体的にどのような点を改善すべきかまでは答えを得ることができない。あくまでも、全体としてどの程度のユーザビリティの水準にあるか、UXの水準にあるかの目安として用いることが望ましいだろう。

これらの他に生理学的手法なども用いられるが、本書ではほとんど触れていない。紙数の関係もあるが、同一条件での複数回の測定が必要だったり、測定した内容が何を意味しているかが明確でなかったりすることもあるからである。もちろん、特別な目的がある場合には、そうした手法を使うことがあってもよいだろう。

第2章
ユーザビリティ・インスペクション

　インスペクション法について、その背景、利用されるデザイン原則、関連する認知心理学的事実、ユーザーの多様性への配慮、評価の準備と実施法、結果のまとめ方などについて述べている。なお、多様性への配慮は、インスペクションだけでなく、すべての評価においてなされるべきものである。

2.1 インスペクション法とは

2.1.1 はじめに

「インスペクション法」とは評価者がユーザーインタフェース (UI) を検査 (Inspect) してユーザビリティに関する問題点を検出する手法の総称である。代表的な手法としては「ヒューリスティック評価 (HE: Heuristic Evaluation)」、「認知的ウォークスルー (CW: Cognitive Walkthrough)」がある。

このようなインスペクション法を使って評価を行う評価者は、ユーザビリティ評価、ユーザーインタフェース設計、インタラクションデザイン、認知心理学、人間工学、アクセシビリティなどの専門知識・経験を持つ場合が多いので「エキスパートレビュー (ER: Expert Review)」とも呼ばれる。そのようなバックグラウンドに加えて、実際のユーザーの行動を観察・分析した経験に基づいて評価を行えることが重要である。

ユーザビリティテストと比較すると、インスペクション法は、①安価かつ迅速に実施可能である、②幅広いユーザーや利用状況を想定した評価が行える、という特長を持つ。

ただし、インスペクション法とユーザビリティテストでは検出される問題が異なることが多い。インスペクション法はユーザーインタフェースやインタラクションに関わる比較的明白な問題をたくさん検出する一方、ユーザビリティテストは特定のタスクに関わる比較的深刻な問題を検出することができる。そこで、インスペクション法とユーザビリティテストを補完的に利用することが一般的に行われている。

2.1.2 インスペクション法小史

1980年代にPC (パーソナルコンピュータ) が登場したが、当時のPCやソフトウェアは非常に使いづらかった。その使いづらさとは、ユーザーが「仕事ができない」、または「(PCやソフトウェアの) 使用をやめてしまう」かもしれない、といった深刻なレベルであった。

もちろん専門家は対策を講じた。設計者や開発者が自ら評価を行えるような設計ガイドラインやチェックリストを策定したり、必要に応じてユーザビリティテストを実施したりした。しかし、チェック項目が1000個近くもあったり、(正規の) ユーザビリティテストの実施には多大な費用と期間を要したりして、これらの対策はあまり上手く機能しなかった。また、設計者や開発者が相互に評価を行う「レビュー」も行われていたが、各評価者の個別の"直観"に基づく評価にとどまってしまい成果は上がらなかった。設計や開発の現場ではもっと「安価で迅速」に実施可能で、かつ結果に「信頼性」のある評価手法が求められていた。そこに登場したのが「ヒューリスティッ

ク評価」や「認知的ウォークスルー」である。

　ニールセン（Nielsen, J.）によって開発された「ヒューリスティック評価」は、ユーザーインタフェース設計の「原理原則」を根拠とした評価手法である。従来のガイドラインと比べると、表現が抽象的で数が絞り込まれた「10ヒューリスティックス」（詳しくは後述）に基づいてユーザーインタフェース上の問題点を特定するのが特徴である。一方、ワートンとルイス（Wharton, C. & Lewis, C.）によって開発された「認知的ウォークスルー」は、人間がコンピュータを操作する際の「認知モデル」に基づいた評価手法である。

　1990年のCHI'90（コンピュータと人間の対話に関する国際会議）でこれらの手法が発表されると、この分野は一躍脚光を浴びるようになり、その後、多くの研究者や実務家によって同種の手法が続々と開発・発表されるようになった。そして、2年後のCHI'92において、マック（Mack, R.）とニールセンは、ソフトウェア工学の分野で行われている「ソフトウェア・インスペクション」から着想を得て、これらの手法の総称として「ユーザビリティ・インスペクション」という名称を用いるようになった。そして、1994年には、マックとニールセンの共同監修でこれらの成果を取りまとめた書籍『Usability Inspection Methods』John Wiley & Sonsが刊行された。

主要インスペクション手法一覧

- ヒューリスティック評価（Heuristic Evaluation）とは、ユーザビリティの専門家によってユーザーインタフェースがユーザビリティ原則（ヒューリスティックス）に従っているかどうかを調べる手法である。
- 認知的ウォークスルー（Cognitive Walkthrough）とは、ユーザーの認知プロセスを操作ステップ単位で詳しくシミュレートして、ユーザーが目標を達成できるかどうかを調べる手法である。
- 多元的ウォークスルー（Pluralistic Walkthrough）とは、ユーザー・開発者・人間工学専門家という異なる立場の関係者が一堂に会し、利用シナリオに沿ってユーザーインタフェースを調べる手法である。
- 機能インスペクション（Feature Inspection）とは、機能別の操作手順のリストに従って、長いシーケンスや、複雑なステップ、ユーザーにとって自然でないステップ、特別な知識や経験を要するステップについて調べる手法である。
- 一貫性インスペクション（Consistency Inspection）とは、異なるプロジェクトを担当する複数のデザイナーによって、あるユーザーインタフェースが他のプロジェクトのUIと比較して一貫性が保たれているかどうかを調べる手法である。
- 標準インスペクション（Standards Inspection）とは、様々なユーザーインタフェース標

準に詳しい専門家がそのユーザーインタフェースがそれらの標準に違反していないかどうかを調べる手法である。
- フォーマル・ユーザビリティ・インスペクション（Formal Usability Inspection）は、6ステップの手順と厳密に定められた役割に従った個別インスペクションとグループインスペクションに、さらにヒューリスティック評価と簡略化した認知的ウォークスルーの両方の要素を組み合わせた手法である。

2.1.3 インスペクション法の現在

　このように1990年代前半に興隆を見せたインスペクション法であるが、その後、大きな発展は見られない。それどころか、ヒューリスティック評価と認知的ウォークスルー以外の手法は現在ではほとんど使われなくなってしまっている。このような衰退の原因として、インスペクション法が抱える根本的な課題と時代背景の変化があると考えられる。

(1) 評価結果の客観性への疑念
　インスペクション法は評価手順や評価根拠を定義することで評価結果の正当性を担保している。非公式なレビューのような単なる「直観」に基づいた評価ではないというのが最大の強みであった。例えば、ヒューリスティック評価では評価者は「10ヒューリスティックス」に基づいてユーザーインタフェース上の問題点を発見できることになっている。しかし、実際には評価者は、まず直観（自らの経験）に基づいて問題点を見つけ、その後にヒューリスティクスを当てはめているのである。インスペクション法は決して客観的ではなく、評価者の知識や経験に大きく依存した属人的な手法である。つまり、あくまで「エキスパートレビュー」なのだ。これは、10ヒューリスティクスの共同開発者であるモリック（Molich, R.）自身が指摘している問題点である。

(2) 専門家による評価の価値の低下
　インスペクション法が脚光を浴びた当時、ユーザーインタフェースを評価できる人材は限られていた。ユーザーはコンピュータの知識がなく、デザイナーは静的なデザインにとどまり、エンジニアは技術に特化していたので、それらの複合領域であるヒューマン・コンピュータ・インタラクション（HCI）の専門家による評価や助言は非常に価値があった。しかし、現在ではユーザー自身による様々なIT機器の使用経験や、デザイン・ガイドラインやデザイン・パターンの普及により、誰もがユーザビリティの評価者になり得る時代となった。また、アジャイル開発の普及に伴い、独立した「専門家」による評価レポートよりも、開発チームと一体となって活動する「コーチ」による実践的なアドバイスが求められるようになった。

(3) インスペクション法の相対的優位性の低下

　開発された当時、確かにインスペクション法はユーザビリティテストと比較すると「安価で迅速」な手法であった。しかし、その後、1990年代後半からユーザビリティテストの実施コスト（費用・期間）は劇的に下がった。現在では、毎週定期的に小規模なテストを実施したり、コーヒーショップの店頭などでゲリラ的に簡易テストを実施したりすることが普通に行われるようになった。また、定量的な比較評価を行うA/Bテストや、遠隔地のユーザーに対してインターネット経由でテストを実施するリモートテストなどを低価格で提供するサービスも続々と登場している。その結果、インスペクション法は他の手法と比較して必ずしも安価で迅速な手法とは言えなくなっている。

　なお、「もはやインスペクション法は役に立たない」というわけではない。現在でも、適切に用いればインスペクション法は製品／サービスの品質改善につなげることができる。その中でも、最も適した使い方とは、ISO9241-210にも記載されているように、「（インスペクション法によって）ユーザビリティテストの前に顕著な問題点を取り除いてしまっておき、テストをより効率的にする」ことであろう。

2.2 インスペクション法のバックグラウンド

　ユーザーインタフェースデザインの背景にはHCIの長年の研究や実践から導き出されたデザイン原則があり、それらのデザイン原則は認知心理学（人間の知覚や記憶などに関する研究）に由来している。また、ユーザーの多様性に基づいたデザイン（ユニバーサルデザイン）も強く求められるようになっている。これらのデザイン原則は、当然、デザイン作業のなかでも使われるべきものだが、デザインされたものがデザイン原則に適合しているかをチェックすることは重要である。したがってデザイン原則は評価原則という側面も持っているわけである。つまり、インスペクション法による評価を行うためには、少なくともデザイン原則に関する基礎知識を理解しておくことが必要である。

2.2.1 デザイン原則

　デザイン原則（Design principles）とは設計思想であって、サイズや色使い等を具体的に定義したデザイン・ガイドラインではない。ただし、一般に、デザイン・ガイドラインはデザイン原則

に基づいて定義されている。つまり、ちょっと大袈裟に言えば、デザイン原則とはユーザーインタフェース設計における「憲法」のようなものである。そのため、その"提唱者"には、かなりの"権威"が求められる。実際、著名な研究者、国際的IT企業、国際団体などが独自の原則を提唱している。ここでは、その中から、代表的な4つのデザイン原則を紹介しておく。

(1) インタフェース設計の8つの黄金律 (The Eight Golden Rules of Interface Design)
　ユーザーインタフェース分野の大御所シュナイダーマン (Shneiderman, B.) が1985年に発表した。インタラクション設計に関するものとしては先駆け的な存在であり、ニールセンなどの他の原則の大元となったと言われている。シュナイダーマンの著書『Designing the User Interface』が改訂される際にこの黄金律の内容も少しずつ変更されており、最新版は2016年版である。

1. 一貫性を持たせる (Strive for consistency)
2. 多様なユーザー特性や利用状況への対応を探求する (Seek to universal usability)
3. 有益なフィードバックを提供する (Offer informative feedback)
4. 達成感のある対話を設計する (Design dialogs to yield closure)
5. エラーを予防する (Prevent errors)
6. 逆操作を許す (Permit easy reversal of actions)
7. ユーザーの制御権を維持する (Keep users in control)
8. 短期記憶の負荷を軽くする (Reduce short-term memory load)

(2) アップル・ヒューマンインタフェース・ガイドライン (Apple Human Interface guidelines)
　1987年に伝説的な『アップル・ヒューマンインタフェース・ガイドライン：アップル・デスクトップ・インタフェース』が公開され、アップルの設計思想が明らかにされた。その冒頭部に10個のデザイン原則が掲げられた。その後、OSの進化に伴い、デスクトップ版以外にもiOS版など個別のガイドラインが設定され、随時更新されているが、いずれも冒頭部にデザイン原則が掲載されてきた。1987年に公開された最初のデザイン原則は以下のとおりである。

1. 比喩の使用 (Metaphors)
2. 操作の直截性 (Direct Manipulation)
3. 見たものを指示する (See-and-Point)
4. 一貫性 (Consistency)
5. WYSIWYG：スクリーンで見たままをプリントする (WYSIWYG: What You See Is What You Get)

6. ユーザーによるコントロール（User Control）
7. フィードバックとダイアログ（Feedback and Dialog）
8. 寛容性（Forgiveness）
9. 安定性（Perceived Stability）
10. 美的完成度（Aesthetic Integrity）

(3) 10ユーザビリティ・ヒューリスティックス（10 Usability Heuristics）

　ニールセンとモリックが1990年に発表し、その後、1994年にニールセン自身の手で改訂された。ユーザビリティ原則としては最も有名なものであり、ヒューリスティック評価を行う際の根拠として用いられることが多い。

1. システム状態の可視性（Visibility of system status）
2. システムと実世界の調和（Match between system and the real world）
3. ユーザーコントロールと自由度（User control and freedom）
4. 一貫性と標準化（Consistency and standards）
5. エラーの防止（Error prevention）
6. 記憶しなくても、見ればわかるように（Recognition rather than recall）
7. 柔軟性と効率性（Flexibility and efficiency of use）
8. 美的で最小限のデザイン（Aesthetic and minimalist design）
9. ユーザーによるエラー認識、診断、回復をサポートする（Help users recognize, diagnose, and recover from errors）
10. ヘルプとマニュアル（Help and documentation）

(4) ISO 9241-110 対話の原則（Dialogue Principles）

　1996年にISO 9241-10として刊行された。その後、1998年発行の「ISO 9241-11 ユーザビリティ指針」および1999年発行の「ISO 13407 インタラクティブシステムの人間中心設計プロセス」と合わせて、ユーザビリティという概念の普及とその実現に大きく貢献した。2006年には改訂されて番号が110になったが、7原則そのものは変更されていない。また、翻訳規格としてJIS Z 8520が2008年に刊行されている。

1. 仕事への適合性（Suitability for the task）
2. 自己記述性（Self descriptiveness）
3. ユーザーの期待への一致（Conformity with user expectations）
4. 学習への適合性（Suitability for learning）

5. 可制御性（Controllability）
6. 誤りに対しての許容度（Error tolerance）
7. 個人化への適合性（Suitability for individualization）

上記4つのデザイン原則は、いずれも1980年代から1990年代にかけて発表されたものであり、いわば"古典"である。しかし、これらは現在でも有効であることが研究者や実務家の間では知られている。デスクトップPCからスマートフォンに時代は変わったが、人間の特性には変化がなく、人間とコンピュータの対話（HCI: ヒューマン・コンピュータ・インタラクション）の基本原理にも大きな変化は生じていないからである。

ただし、それは、古典的な原則を今もそのまま流用すればよいという意味ではない。これらの原則は評価対象に合わせて、その都度、解釈・改良・拡大すべきものである。

2.2.2 人間の認知特性

ここでは、ユーザビリティ評価に欠かせない人間が持つ心理学、認知科学的な特性について解説する。普段我々が何気なく行う認知活動について知ることは、ユーザーがプロダクトを扱う時にそのインタフェースをどう知覚／理解し、どう操作したら目的を達成できそうだと判断するかといったことを予測する手がかりとなる。翻って設計者が意図したとおりの操作方法をユーザーが容易に推測できる"わかりやすいインタフェース"のデザインに寄与するものである。

まず最も基本的で重要な事実として、人間の認知活動は頭の中だけで完結して行われるのではなく、外界のあらゆる要素から影響を受け、複雑な相互作用をしながら行われるという点がある。一定の入力に対して決まった結果を返すプログラムや機械と違い、人間は同じものを見聞きしても人によって、あるいは状況によってその理解は異なる。時には同じ人が同じものを見ても違う認知結果を生むことすらある。こうした認知の"揺らぎ"の存在は大抵の人が直観的に考えるよりも大きい（状況依存性や文脈依存性が強い）ものである。つまるところ「誰にでも使いやすい／わかりやすい」は原理的に達成が困難であることを理解しておく必要がある。

(1) 知覚や解釈におけるバイアス

図2-1 文字認知の文脈依存性

図2-1の6文字のアルファベットから成る2つの単語を声に出して読んでみてほしい。「THE CAT」と書かれていたのではないだろうか。しかしよく見ると2文字目と5文字目は同一の図形である（著者がコピー＆ペーストで作ったので間違いない）。

一般に、人は26個のアルファベットを異なった文字として認識し、取り違えることなどないと思っているだろう。しかしこの例では同一の図形をTとEの間にあるならH、CとTの間ならAという風に歪めて解釈している。これは、視知覚が網膜からの刺激を文字単位で単純に一方通行で認識しているのではないということを示している。THEやCATといった英単語に関する既有知識がトップダウンにバイアスをかけていると言える。

これは文字認識というとても単純で基礎的な単位での例であるが、実際にはより大きな単語や文章、またはアイコンのようなものを識別する時でも起き得る。さらに驚くことに、影響をもたらすのは頭の中の知識だけではなく、その場の環境だったり感情といったものだったりする。誰もいない真っ暗な夜道で「なにか出そう…」などと思いながら目にする枯れ尾花（ススキの穂）が幽霊に見えてしまう現象もまた認知的なバイアスと言えよう。

ユーザーインタフェースの各要素のアイコンや文言をデザイン／評価する際、一つひとつは単独でわかりやすくしたつもりでも、隣に並んだものとの対比で違う意味に解釈したり、ユーザー個々人の既有知識、その場の状況によって異なった見え方、聞こえ方をしてしまう可能性について常に意識をしておく必要がある。

(2) 記憶の文脈依存性

心理学の記憶実験で、ある状況下で記憶した内容を、同じ状況で再生する場合と、それとは違う状況（例えば異なった場所）で再生する場合で成績差が出るという現象が確認されている。例えばゴッデンとバッデリー（Godden, D.R. & Baddeley, A.D. 1975）のダイバーを用いた有名な実験では、陸上記憶→陸上再生、陸上記憶→海中再生、海中記憶→陸上再生、海中記憶→海中再生という2×2の4条件で単語暗記の成績を比較した時に、陸上→陸上、海中→海中という同じ状況を組み合わせた記憶と再生が同一な群のほうがそうでない群よりも成績が良かったと報告している。心理学ではこうした現象を文脈依存記憶と呼び、環境などの物理要因以外にも気分やモチベーションなどの精神的要因についても同様の依存性があることが示されている。我々が旅行のお土産品を手にした時のほうが、そうでない時より鮮明に当時のことを思い出せるという現象も一種の文脈依存性と言えよう。

これらの研究は、人間の記憶の仕組みが、ある知識の固まりを独立に収納したり取り出したりできるものではなく、同時に知覚や想起されているものと相互にリンクしながら構成されていくものであることを示唆しており、あるシステムの操作ルールに関する知識が、他の場面で期待し

たほど転用されないといったことの要因もこの辺りにあるのだろう。

(3) メンタルモデルの生成

　ある事物がどういう仕組みで動いていてどう操作するとどう反応するかについて、人が頭の中に描いているイメージをメンタルモデルと呼ぶ。設計者と違って一般ユーザーは設計図や仕様書を見てそれを会得するのではなく、操作と結果の関係をみてその間のルールを想定して自身のメンタルモデルを構築する。とりわけ2つの事象が連続して起こった時に、人間はそこに関連性を見出したがる傾向がある。

図 2-2 車の警告灯

　例えば、図2-2は車を運転される方にはお馴染みであろう。"サイドブレーキを下げ忘れていると点灯する"警告灯である。サイドブレーキを下げ忘れると点灯するのだから、サイドブレーキ下げ忘れ警告ランプだというメンタルモデルを構築しているドライバーは多い。しかし設計意図としてはブレーキ系統全体に関する警告灯であり、ブレーキ液不足などのより深刻な場面でも点灯する。もしそのことを知らずに「サイドブレーキを下げたのに下げ忘れ警告ランプが点きっぱなしだ。スイッチ接点の不良だろうか？ とりあえずサイドブレーキはきちんと解除されているので、今度ディーラーで見てもらえばよいか」などと考えるにとどまり、運転を継続したらどうなるだろうか？

　設計者は、ユーザーがどんなメンタルモデルを持つ可能性があるかに注意を払い、正しいモデルに導くインタフェース設計を心がけ、大事に至らないようにフェイルセーフを設ける（音声で「ブレーキ液が不足しており危険です」と伝えるなど）などの配慮をすることも欠かせない。評価の際には、どんな経緯でどんなメンタルモデルがユーザーの頭の中に構築されているかを知ることが対策を練る上で重要となる。

(4) 問題は表現次第で難易度が変わる

　以下はウェイソン（Wason, P.C.）の4枚カード課題と呼ばれる心理実験研究である。以下のルールでカードゲームをテスト参加者に取り組ませる。

- 表にアルファベット、裏に数字が書かれた以下の4枚のカードを見せる
- 「母音が書かれたカードの裏は偶数」という条件が満たされているかどうかを判定するの

に、最低限めくって確認する必要があるのはどれか？

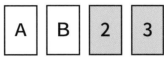

図2-3 ウェイソンの4枚カード課題

　図の例であれば、Aの裏が偶数であることと、3の表が母音ではないことを確認する必要がある。Bの裏は奇数でも偶数でも構わないし、2の表が母音かどうかも確かめる必要はない。しかし一般にはAの裏と2の表を確かめる、という回答が多くなる。つまり"ひっかけ"問題である。
　ところが、論理構造はまったく同じでも、以下のように問題表現を変えると、正答率が上がるという（回答も同じで左から1枚目と4枚目）。

- あるデパートの規則で、1万円以上のレシートの控えには裏に主任のサインがなければならない
- この規則が厳格に運用されているかチェックするには最低限どれをめくればよいか？

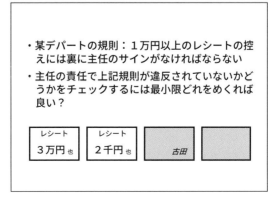

図2-4 ウェイソンの4枚カード課題の変形

また他の文献での例では、

- 4人がそれぞれ飲み物を飲んでいる
- 「ビールを飲む人」「烏龍茶を飲む人」「28才」「17才」
- 未成年がアルコール飲料を飲んでいないことを確かめるには、どの人を調べるべきか？

という例も示されており、やはりこれもオリジナルのカード問題よりは正当率は大幅に上がる。

おそらく後ろ2つの例のほうが解きやすいということは直観的に同意いただけると思うので解説は省くが、こうして論理的に同一の問題でも表現次第で難易度が変化するという事実を実感として知っておいてほしい。一般には身近でイメージしやすい課題に変形すると、そこでの制約事項が転用され問題解決の助けとなる。逆に言えば無理に身近な例に例えても、転用可能な要素がなかったり矛盾していれば、阻害要因にもなり得るであろう。

(5) 専門家は初心者のことがわからない

ある携帯電話の基本操作を初心者に遂行させた時にどれくらいの成績になるかを初心者、準専門家、専門家の3群に推測させたところ、専門家の予測がもっとも不正確だった（予測が甘かった）、という研究がある(Hinds, 1999)。この研究でもっとも予測が正確だったのは、セールスの場で初心者とよく付き合っている準専門家であった。また同時に「自分が初心者だった頃を思い出して」とアドバイスをしたり、初心者がつまずきがちな点のリストを与えるといった補助条件も、専門家に対しては効果があまりなかった。専門家になるような人は初心者だったころが遠い過去のため、当時のことを思い出すのが困難だったり、そもそも苦労した経験があまりなかった可能性が高く、初心者の目線でプロダクトを評価することが難しいということが客観的に示唆されている。

また、ミシシッピー川の長さを人がどれくらい知っているかを推測させる際に、正解を聞いてから推測した群と正解を聞かされないままで推測した群とで予測が違ってくるという研究もある。この場合、正解を聞いた群のほうが聞かなかった群よりも予測が甘くなった、つまり自分の知っていることは他人も知っているだろうと考える傾向が見られたという。こういった現象は"知識の呪い(Curse of Knowkedge)"と呼ばれている。一度知識を得てしまうと、それを得る前の状態を想像するのが難しくなるという認知的バイアスの一種である。つまり専門家がユーザーの目線で評価することはそもそも原理的に不可能に近いじゃないか、という話になってしまうわけだが、少なくともその自覚を持って望むことやユーザビリティテストなどユーザーを巻き込む手法を上手く組み合わせて評価に取り組んでいくことで評価の精度を上げていくことはできるはずだ。2.3節の「評価の準備」でも触れるが、複数人で取り組むのも有効な方法である。

これまで見てきたように、人間の認知（知覚、記憶、理解、問題解決など）は我々が直観的に考えている以上に複雑で様々な要因と相互作用をしており、コンピュータの個々のファイルのように独立した単位として扱えるものではない。つまりユーザーの認知は開発者の予想しなかった要素と紐付けて捉えられたり、あるいは期待どおりに紐付けられなかったりする。ここにインタフェース設計の難しさの一端がある。エンジニアは自身の創造物にプログラムで「○○は××である」「△△ならば□□せよ」という定義を与えることに慣れているが、ユーザーにはそれが期待ほど通用しない。彼らの記憶力や理解力が劣っているということではなく、記憶や理解の仕組み自体が根底からコンピュータとは異なっている、という事実を出発点にするべきであろう。

2.2.3 認知特性を活かしたユーザーインタフェースデザイン

本節ではわかりやすいデザイン実現やその評価の際に参考になる心理学や認知科学に由来するデザインキーワードを紹介する。こうしたボキャブラリーや視点を持つことで、デザイナーに「なんとなく使いにくいから直して」としか言えなかったことが、明確に分析／表現可能になり、コミュニケーションや改善検討に役立つと期待される。

(1) メタファー（Metaphor）

図2-5 メタファーの例

ユーザーインタフェースの文脈で「メタファー」という場合、それは、ファイル、フォルダ、ゴミ箱、壁紙、ウインドウのような既存の事物を例えとした概念表現のことである。なぜメタファーが有効かと言えば、ユーザーがメンタルモデルを構築する時に、今まさに対面している製品だけでなく、過去に触れた類似の製品や事物をも参考にするからである。「ゴミ箱は不要なものをいれるところ」「赤色はなにか大事な事柄を示している」など、IT製品以前のもっと日常的な部分も含め、

よく知っている知識を当てはめようとする。人間の認知システムはとても省力化が好きで、まずは知っている法則を適用しようとする性質を持っており、設計側もそれを意識して、世の中に浸透した何かを上手くメタファーとして取り込むのが導入障壁を下げる早道であると言える。

また評価の際は、それが既存のどんなシステムに似ているかを拠り所にすることになるため、評価者は世の中で一般的なユーザーインタフェース作法を知っていることが望ましい。評価に従事する者はなるべく多くの製品に普段から触れておくと役に立つであろう。

(2) アフォーダンス(Affordance)とシグニファイア(Signifier)

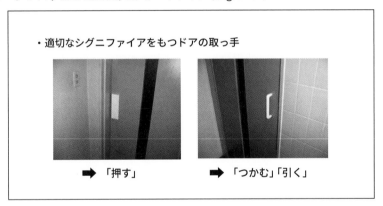

図2-6 シグニファイアの例

アフォーダンスとはギブソン(Gibson, J.J)が提唱した概念で、ある物体の視覚的特徴から生物がそれをどう扱えるか読み取れるという可能性のことである。1980年代にノーマン(Norman, D.A.)がインタフェースデザインにこの概念を持ち込んだ。通常ひとつの物体、例えばドアにとって取り得る行為は「押す」「引く」「叩く」「蹴る」「落書きする」など様々である。ユーザーはその一部を知覚し、目的を達成できそうな行為を選び取る。デザイナーはユーザーが正しい行動を選び取れるよう特定のアフォーダンスを強調するシグニファイア、つまり行動への手がかりを付加できる。例えば写真のドア(開き戸)の例では、押して欲しい側には板がついており、引いて欲しい側にはハンドルがついている。これによってそれぞれ手を添えたり、つかんだりするアフォーダンスが強調され、結果的に押す、引くという正しい操作に誘導される。

ノーマンの指摘は、アフォーダンスが希薄になりがちなGUI上のボタンなどの操作部品に実世界の自然なシグニファイアを模した表現(陰影など)を付けようとする動向を引き起こした。近年ではGUI独自のアフォーダンス体系が認知されつつあり、あえて実世界を再現したシグニファイアをつけずともよいとする事例も増えてきている。ただし、基本となる考え方を理解しておいて、

ユーザーが期待どおりの操作を行ってくれない時に、手がかりを与える目的で用いるとよいだろう。

(3) 対応付け (Mapping)

　ある操作対象と操作手段を関連付けるルールが明確であると、操作に迷わないで済む。例えば大きな会議室の照明は、天井という二次元平面上に一定のルールで配置されているが、多くの場合、それを操作する手段である壁スイッチは、スイッチパネルという平面上にまた別のルールで配置してあり、対応付けが難しい。プロジェクターでプレゼンテーションをするからスクリーン付近の照明だけ落としたい、と思ってスイッチを操作したら、全然違ったところが消えてしまったという経験は誰にでもあるだろう。両者の配置ルールを翻訳するメンタルモデルが構築しづらいと捉えることができる。

　昨今はタッチパネルユーザーインタフェースが一般化し、画面上で目的のものを直接指で触ればよく、対応付けの問題に直面する機会は減ったと言えるかも知れないが、実は物理配置のようなものだけが議論の対象ではない。たとえば、エラーを深刻度に応じてレベル1から3で表示する機能があったとして、レベルの1と3ではどちらがより深刻なエラーを意味していると言えるだろう？　これも数値の大小の深刻度との対応付けの問題と言える。またこれを補助するのに、緑→黄→赤と3段階の色ラベルを付加したらどうだろう？　色は文化的に一定の意味と対応付けをすでに持っている（交通信号機を思い出してみてほしい）ため、ユーザーが数値と深刻度の対応付けに関するメンタルモデル構築の際に、それを補強することができる。

(4) 一貫性 (Consistency)

　先に述べたように、ユーザーは見知らぬ製品と対面した時、まずは既有のメンタルモデルやメタファーを当てはめて操作しようとする。つまりその製品を目にしたユーザーが類推によって思い浮かべるものと同じ操作ルールが適用できるように設計してあると、ユーザーにとっては学習コストが下がる。近年スマートフォンやウェブのユーザーインタフェースでよく見られるハンバーガーアイコン（三本または二本の水平線で主要メニューを開くボタンとして使われる）は、アフォーダンスやメタファーの観点からはわかりやすいデザインとは言えないが、デファクトスタンダードとして認知され、既存製品からの学習が転用されることで素早い理解が可能になる。新しくオリジナリティの高いデザインを追求することと標準的なデザインを採用することには異なるメリットがあり、そのバランスをどう取るかが課題となる。標準に則らず新奇なデザインを採用すると決めた場合、せめて製品内ではしっかりと一貫性を持たせることでユーザーの学習を助ける必要がある。

また同じ製品内で、実際には異なる意味を持つものに（リソースの再利用などで）一貫した外観やインタラクションを持たせてしまう結果、混乱を招くケースもある。例えば処理が正常に終了した場合と、エラーが発生した場合に、どちらも同じ「ポーン」という効果音が使われていたらどういう問題が起きるか考えてほしい。このようにユーザーが知覚した内容を区別すべき状況において、紛らわしい一貫性を持たせないような配慮も忘れてはならない。

(5) フィードバック (Feedback)
　工学用語としてのフィードバックは、センサーなどで対象物の状態を読み取り、制御を調整することを言うが、ヒューマンインタフェースの分野においては、製品からユーザーに動作状態を伝えることを指す。例えば電源ランプは通電していることをユーザーに知らせ、プログレスバーは作業があとどのくらいかかりそうかを伝える。またフィードバックには、エラーメッセージなどの言語的なものも含まれる。こうした情報を必要かつ十分にユーザーに伝えることで、ユーザーは正しい判断を行い、必要なら軌道修正をし、その結果として安心を得ることができる。逆に過度なフィードバックはフラストレーションの原因にもなる。例えばメールソフトで定期自動受信の度に「12:42の定期チェックに成功しました。新着メールはありませんでした」とダイアログが出て、それがOKボタンを押さなければ消えないとしたらどうだろう？　ユーザーがいつどんなフィードバックを得られたら嬉しいかを常に意識し、多すぎたり少なすぎたりしない提示ルールを検討する必要がある。
　またフィードバックをリマインダーの一種として捉えると、ノーマンのシグナルとメッセージという要素分解が適用できる。シグナルはユーザーに気づかせるためのランプや報知音といった合図であり、メッセージは伝達すべき内容を意味する。電話の着信音はメッセージとしてはほぼ自明なので、シグナルが確実に伝わることが重要となる。場合によっては発信者名がメッセージとして付加されていたほうがより便利とも言える。逆にストレージの残量のような情報は通常ユーザーが気になった時に確認すればよいのでシグナルは不要でメッセージのみがしかるべき箇所に表示されるだけでよく、さらに一定値を切った時にだけシグナルを発するようにすればより親切であろう。

(6) 再生 (Recall) と再認 (Recognition)
　さきに、記憶の想起が外界にある手がかりを紐付ける形で行われるという事を書いたが、これは大抵の場合はプラスに働く。心理学の記憶研究では手がかりなしで自力で思い出すことを再生課題、提示されたものが記憶にあるかどうかを判別して回答することを再認課題と呼び、区別して考える。

例えば非常に多くの単語を記憶させた後で、「今見た中から10個を挙げなさい」というのは再生課題、「以下の中で最初に記憶した中に含まれていたものに丸をつけなさい」のような形式ならば再認課題である。一般に再認課題のほうが成績は良いと言われている。貨幣や紙幣の正しい図柄やレイアウトを再生できなくても、それらしい偽物の中から本物を選び出すことができるのも、この難易度の違いによるものである。ユーザーインタフェースの文脈では、正しいコマンドを自身の手で入力しなければならないコマンドラインインタフェース(CLI)に比べ、メニューやアイコンから目的のものを選び出すだけで済むグラフィカルユーザーインタフェース(GUI)のほうがより学習しやすいと言われるのも、まさに再生と再認の難易度の差によるものと言える。ユーザビリティを向上させるには極力ユーザーに再生負荷をかけない設計が重要となる。昨今では、一部の専門的なシステムを除けばCLIを採用することは少ないかも知れないが、たとえばタグ付け機能(同じグループを指すのに同じタグを指定しなければ意味がない)のようなインタラクションのデザインにも関係してくる。今後は音声対話システムなどで、この再生の負荷をどう減らしていくかという議論が再燃することになるだろう。

(7) 課題分割(Task decomposition)

以前紹介したウェイソンのカード問題で、問題は表現次第で難易度が大きく変わることを示したが、ユーザー自身に問題の再解釈を促すことで達成率を上げる例として鈴木ら(1998)の課題分割実験がある。例えばコピー機で「5枚の原稿を仕分け機能を用いて両面で10部印刷する」というような課題をさせる際に、課題をいくつかのサブ課題に分割して捉え直すことを示唆すると成績が上がることがわかった。教示は「服を着る」のような一般的な例に、ゴールとサブ課題の関係を木構造で示すなどの形で与えられた。これによりコピー機の操作課題もサブ課題(例えば「10部指定する」「両面印刷設定にする」「仕分け機能を利用する」など)に分割して捉えることが促され、結果として達成率が向上(例えば、時間で言えば半分以下に短縮)したという。

一般に初心者と言われる人々は目の前の最終課題が、より単純な課題の組合せから成っていると捉えることが苦手であり、その点を誘導したり、最初から分割して提示することで成績を上げられると考えられる。例えばすべての設定項目が一画面に並べられたフォーム画面よりも、個別問答の形で入力を要求するウィザード形式のほうが、初心者にとっては取り組みやすいと言えるだろう。

これらのキーワードは人間が日常的に行っている認知活動に関するものなので、こうして書いてみると至極当たり前のことを書いているように思えるかも知れない。しかし製品が多くの人に当たり前に使えることを検証することが目的なので、その当たり前がきちんとできているかという

視点で照らしてみることが何より重要だと思われる。

　これらの概念についてより詳細な解説は、ノーマンの『誰のためのデザイン？　増補・改訂版—認知科学者のデザイン原論』に大変よくまとめられている。1990年の初版から25年を経て、事例を最新のものに差し替えた増補・改訂版が2015年に出版された。同書はこの業界のバイブル的な存在であり、是非一読を薦めたい。

2.3 ユーザーの多様性への配慮

　総務省統計局の発表しているデータによると、2018年9月現在、日本の65歳以上の高齢者人口は過去最高の3,557万人となり、総人口に占める割合（高齢化率）は28.1％と過去最高となった。

　近年では高齢者層の間でもウェブサイトやアプリケーション等の利用は一般的になりつつあるが、中には様々な要因からそうした製品やサービスの「使いづらさ」を訴える人も少なくない。また成長市場を求めて海外へとサービスを展開するケースや、急激に増加する訪日外国人への対応など、前述の高齢者とともに「ユーザーの多様性」を考慮すべき事案は増えている。

　インスペクション法による評価は少人数の専門家によって簡易的に行われることが多いが、そのほとんどは一般健常者による評価であり、ともすれば「ユーザーの多様性」の視点が抜け落ちてしまう恐れがある。こうした評価品質の低下を防ぐため、インスペクション実施者は当該分野に対する最低限の知識を備えておくことが求められている。

　本節では多様性に配慮すべきユーザー像として、主に障がい者、高齢者について取り上げ、以下でその特性と対応方針について説明する。なお、記述にあたっては、原則として「障害者」ではなく「障がい者」を用いたが、法令名称などでは原文のままの表記を用いている。また、障害は障がい者にとって邪魔になるものなので、「障害」という表記を用いることにした。

2.3.1 障がい者への配慮

　内閣府の2017年の発表によると、身体障がい者は全国で392.2万人に上り、うち視覚障がい者は31.5万人、聴覚・言語障がい者は36.0万人、肢体不自由者は181.0万人、内部障がい者は109.1万人であった。また障害者手帳の有無に関わらず、日本では男性の20人に1人、女性の500人に1人、日本全体では320万人以上が先天色覚障害を持つとも言われている。

　総務省の2012年の調査では、視覚障がい者と聴覚障がい者の9割以上、肢体不自由者の8

表2-1 『WCAG 2.0』原則とガイドライン

1 知覚可能	1.1 代替テキスト	すべての非テキストコンテンツには、拡大印刷、点字、音声、シンボル、平易な言葉などの利用者が必要とする形式に変換できるように、テキストによる代替を提供すること
	1.2 時間の経過に伴って変化するメディア	時間依存メディアには代替コンテンツを提供すること
	1.3 適応可能	情報および構造を損なうことなく、様々な方法(例えば、よりシンプルなレイアウト)で提供できるようにコンテンツを制作すること
	1.4 識別可能	コンテンツを、利用者にとって見やすく、聞きやすいものにすること。これには、前景と背景を区別することも含む
2 操作可能	2.1 キーボード操作可能	すべての機能をキーボードから利用できるようにすること
	2.2 十分な時間	利用者がコンテンツを読み、使用するために十分な時間を提供すること
	2.3 発作の防止	発作を引き起こすようなコンテンツを設計しないこと
	2.4 ナビゲーション可能	利用者がナビゲートしたり、コンテンツを探し出したり、現在位置を確認したりすることを手助けする手段を提供すること
3 理解可能	3.1 読みやすさ	テキストのコンテンツを読みやすく理解可能にすること
	3.2 予測可能	ウェブページの表示や挙動を予測可能にすること
	3.3 入力支援	利用者の間違いを防ぎ、修正を支援すること
4 堅牢性	4.1 互換性	現在および将来の、支援技術を含むユーザーエージェントとの互換性を最大化すること

割以上がインターネットを利用していると回答している。このように、今やインターネットは障がい者にとっても重要な生活インフラとなっており、公共や医療など多くの分野においてアクセシビリティへの配慮が強く求められている。

　アクセシビリティに関する国際的なガイドラインとしては、『WCAG (Web Contents Accessibility Guideline)』が有名である。1999年5月、ウェブ技術の標準化を進める国際的な非営利団体であるW3C (World Wide Web Consortium)は、ウェブのアクセシビリティ上の留意点をまとめたガイドラインである『WCAG 1.0』を公表し、勧告した。その後、2008年12月には後継仕様として『WCAG 2.0』が、2018年6月には『WCAG2.1』が勧告され、現在に至っている。

　『WCAG 2.0』では、表2-1のように4つの原則と12のガイドラインが規定されており、それぞれ「達成基準」が定められている。この点が1.0と比較した際の特徴である。またこれを達成

するための具体的な方法として、『WCAG 2.0 実装方法集』が公開されている。

　一方、日本においては、2004年6月に日本工業規格（JIS）が『高齢者・障害者等配慮設計指針－情報通信における機器、ソフトウェアおよびサービス－第3部：ウェブコンテンツ』（JIS X 8341-3:2004）を制定した。この指針では『WCAG 1.0』が参考にされているが、その後2010年8月の改正（JIS X 8341-3:2010）の際に『WCAG 2.0』の内容が取り込まれ、その後、2016年に改定されJIS X 8341-3:2016となって現在に至っている。

　ちなみに『WCAG 2.0』が主に障がい者を想定したガイドラインであるのに対し、『JIS X 8341-3』は日本の人口動態を踏まえて「高齢者」を掲げたことが特徴である。しかし公表されているガイドラインだけでは、特に高齢者の認知特性や心理的な要因などへの配慮が不十分であり、この分野については次項で補足したい。

(1) 視覚障害
　ウェブサイトやアプリケーションが優先して対応すべき視覚障害の特性には、大きく分けて「全盲」「弱視」「色弱」の3つがある。

全盲
　全盲者の多くは、画面に表示された情報を読み上げる「スクリーンリーダー」機能を利用している。専用のソフトウェアに加え、現在では一部のOSにもこうした機能が搭載され、簡単に利用することができる。

図2-7 MacOS スクリーンリーダー機能（VoiceOver）

スクリーンリーダーはウェブサイトの読み上げにも対応しているが、ウェブ特有の構造を理解した上で効率よく操作できる「音声ブラウザ」が別途用いられることもある。こうした場合に備え、特にウェブサイト制作においては、以下のような適切なマークアップを行うとともに、キーボードだけでも操作できるように配慮した構成とすべきである。

- 画像には内容を示すALT属性を指定する
- 箇条書きにはリスト構造を用いる
- 装飾やレイアウトはHTMLではなくスタイルシートで指定する
- リンクテキストは飛び先を適切に表現する文言とする

図2-8 iOS スクリーンリーダー機能（VoiceOver）

弱視

　弱視者の症状は様々であるが、主にOSやブラウザに搭載された画面拡大機能、カラー反転表示機能などを使用しても問題なく操作ができるインタフェースになっているかどうかを確認しておくことが望ましい。詳細な対応策については、次項の「シニアへの配慮：視力の低下」を参照されたい。

図2-9 Windows 画面拡大機能（拡大鏡）

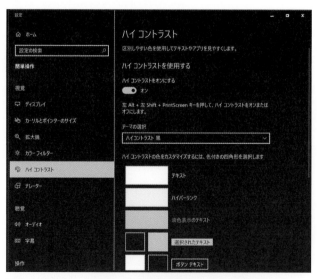
図2-10 Windows カラー反転表示機能（ハイコントラスト）

色覚障害

　色覚障がい者については、NPO法人『カラーユニバーサルデザイン機構（CUDO）』が提唱する色覚タイプのうち「P型色覚（赤色を感じ取りにくい）」と「D型色覚（緑色を感じ取りにくい）」がそのほとんどを占めている。どちらも赤色と緑色の差がつきにくくなると言われるが、その他にも見分け困難な色の組み合わせが多いため、色以外の要素による識別が可能なように配慮すべきである。

　ビジュアルデザインの現場でよく利用されるソフトウェア『Photoshop』では、2008年に発売されたバージョンCS4以降、色覚タイプのシミュレーション機能が標準で搭載されている。またフリーソフトウェアの『カラー・コントラスト・アナライザー 2013J』を利用すれば、適切なコントラストチェックと色覚タイプのシミュレーションの両方を行うことが可能である。

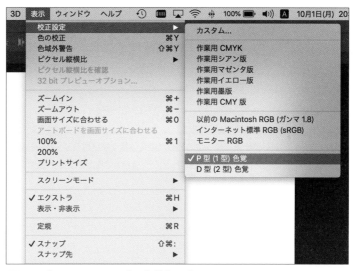

図2-11 『Photoshop』による色覚タイプのシミュレーション

図2-12『カラー・コントラスト・アナライザー 2013』による色覚タイプのシミュレーション

　なお、この図のようなグレースケール写真ではわかりづらいが、右上のフレームの中が色覚障害による見え方を擬似的に模した色になっている。

(2) 聴覚障害

　聴覚障がい者は、音声による警告を認識することが難しい。この対策として一部のOSでは、警告音を何らかの視覚刺激として画面に反映するアクセシビリティ機能が搭載されている。このため、システム上でユーザーに注意を促す必要がある場合には、できるだけOS標準に沿った警告音を指定するとともに、音声だけに頼らない伝達方法を合わせて考慮すべきである。

図2-13 macOS 通知音による画面点滅機能

　また音声を伴う動画コンテンツを提供する場合には、テキストや画像などの代替手段を用意する、適切な「字幕」を追加するなどの配慮をしておきたい。字幕は動画配信サイトで簡単に設定でき、HTML5ではtrack要素に字幕情報を追加することが可能である。

図2-14『YouTube』の字幕追加機能

他方、聴覚障がい者は不要な音声に対しても制御を行うことが難しい。例えばBGMや効果音などを伴うコンテンツが勝手に再生されてしまうと、聴覚障がい者はそれが周囲に漏れていることに気がつかない。こうしたトラブルを防ぐため、音声は必ずユーザーの了解を得てから再生されるよう配慮するとともに、図2-15のように音声が発せられている状態を一目で確認できるようにしておくことが望ましい。

図2-15 Google Chrome スピーカーアイコン

(3)肢体不自由、運動障害

肢体に重度の障害を持つユーザーの中には、専用ハードウェア（視線入力装置、音声認識、ジェスチャー認識カメラ、フットスイッチ、呼気スイッチなど）を用いてシステムの操作を行う者も多い。一部のハードウェアはマウスやキーボード等と比較して操作のバリエーションが限られており、それを支援するスイッチコントロール機能がOSで用意されていることもある。

図2-16 視線入力装置(The Eye Tribe)

図2-17 iOS 内蔵カメラを用いたスイッチ

図2-18 macOS スイッチコントロール

　一方で軽度の障害を持つユーザーは、一般と同じ入力装置を用いて、より多くの時間と労力をかけて操作を行っている。こうしたケースへの対応策は、次項の「シニアへの配慮：運動機能の低下」を参照されたい。

2.3.2 シニアへの配慮

　総務省統計局の発表を繰り返すと、2018年9月現在、日本の65歳以上の高齢者人口は3,557万人、総人口に占める割合（高齢化率）は28.1％といずれも過去最高となった。

　総人口が減少する一方で高齢者人口は今後も増加を続けると見られており、予測では2042年にその数は3,878万人となってピークを迎える。また高齢化率に関しては、2035年に33.4％で3人に1人、2060年には39.9％で約2.5人に1人が高齢者になると予測されている。65歳に満たない『シニア予備軍』も合わせて考慮すれば、今後あらゆる商品やサービスにおいて、こうした世代への配慮は当然欠かすことができない。

　人間は加齢に伴って身体能力、認知能力等が徐々に衰え、またそれと平行して心理面にも変化が現れる。これらは新しい技術を利用する際に様々な影響を与え得るため、特にシニアの利用が多い製品やサービスの評価時には、傾向と対策を前提知識として備えておきたい。

(1) 視力の低下

　「老眼（老視）」は、目の水晶体が固くなり、近くのものにピントを合わせづらくなる症状で、誰もが経験する老化現象の一つである。これは早い人で40歳前後から始まり、その後60歳前後で安定するまで悪化が続くと言われている。また、老眼と同時に「老人性白内障」を発症する人も多くなり、60歳代で70％、70歳代で90％、80歳以上になるとほぼ100％の人に症状が見られるようになる。白内障を患うと水晶体が黄変し、一般的に黄色いフィルターがかかったように見えたり、物がかすんで見えたりする。

　シニアの利用が多いサービスにおいては、こうした老眼や白内障の方にも見やすいよう、フォントのサイズ、行間、コントラスト等に配慮が必要である。

　「フォントサイズ」については、一般的にポイント単位で12pt以上、ピクセル単位で16px以上が適していると言われている。これ以上小さくしてしまうと、目のかすみやブレなどにより文字の判別がしづらく、"疲れやすい"、"読むのが面倒だ"という印象を与えてしまう。また特に情報入力画面などにおいては、全角と半角、1（いち）とl（エル）、0（ゼロ）とO（オー）などがはっきり判別できるよう、一段と大きなフォントを使用することが求められる。

　「行間」は、フォントサイズ以上に主観的な読みやすさに影響を与えている。これが十分確保されていない場合、いくらフォントサイズの基準を守っていても十分な読みやすさが担保されない。一般的に、150-200％の中でカラム幅やフォントサイズを考慮して適宜調整できるとよい。

　「コントラスト」については、前述の日本工業規格『JIS X 8341-3:2010』において、加齢によるコントラスト感受性低下への配慮として、テキストと背景のコントラスト比を4.5：1以上とすることを推奨している。また「障がい者への配慮」の項でも触れた『カラー・コントラスト・アナライ

ザー 2013J』などのチェックツールが無料で配布されているため、ぜひ活用したい。

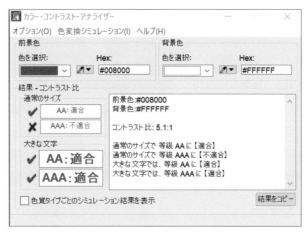

図2-19 『カラー・コントラスト・アナライザー 2013』のコントラストチェック

(2) 記憶力の低下

一般に、加齢とともに短期記憶(STM: short-term memory)、長期記憶(LTM: long-term memory)ともに、ほぼ一直線に下がっていくことが知られている。実際にパソコン教室に通う高齢者を観察していても、若年者と比較して操作方法を覚えるのに時間がかかったり、忘れやすくなる傾向が高い。

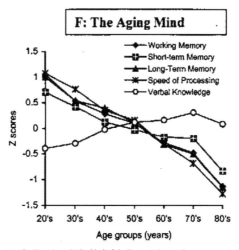

図2-20 年代ごとの認知能力(出典:しんりの手 :psych NOTe)

短期記憶が低下すると、例えばポータルサイトや商品一覧などの大量のリンクが並んだ画面において、過去にどのページを見たのか覚えていられなくなってしまうことがある。この場合、訪問済みリンクと未訪問リンクの色を明確に分けて足跡を明示したり、機能一覧表などを用意して記憶の負荷を軽減する対策が有効である。

　長期記憶が低下すると、第一に利用する頻度の低い製品やサービスにおいて、操作方法や機能をすっかり忘れてしまうことが多くなる。そのため、使用するアイコンには補助テキストを添えるなどして、「見ただけで何ができるかわかる」状態としておきたい。第二に商品名や固有名詞などを記憶する精度が落ちる。この場合、サイト内検索などで失敗する確率が高まるため、正しいワードを補完してくれる「検索サジェスト機能」や「もしかして機能」が有効である。第三に製品やサービスへの会員登録に伴うID・パスワードの記憶や管理が難しくなる。可能であればこうした登録なしに利用できるサービス設計が望ましい。

(3) 運動機能の低下

　手指の筋力は、60歳代から70歳代では若年者より20〜40％低下すると言われており、特に遅筋よりも速筋が早く萎縮してしまうため、速く指を動かすことは若年者より難しくなる。また同時に手指の技巧性（器用に操る力）も加齢とともに衰えが見られ、小さな対象物の操作に要する時間は70歳では若年者より25〜40％増加すると言われている。

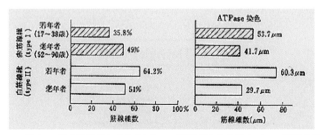

図2-21 筋タイプ別 繊維数と直径（出典：一般社団法人全日本ピアノ指導者協会）

　技巧性の低下により、タップ操作やクリック操作時に意図しない接触やズレの発生することが多い。特に小さなターゲットに対しての操作が格段に難しくなるため、リンクやボタンのサイズ、およびその間隔は十分に確保したい。

　また多くのシニアはキーボード操作も苦手としているため、入力に多大な労力と長い時間を要する。こうした負担を軽減するため、できるだけ入力項目を少なくする、自動入力機能を提供する、入力タイムアウトの時間を長めに確保するなどの対策が必要である。また意図せず

Backspaceキーを押して入力内容をすべてクリアしてしまうことがないよう、入力画面を離脱する際はフェイルセーフとして、ダイアログウィンドウを挟むようにするとよい。

(4)信頼度、抵抗感

　インターネットメディアへの信頼度は、テレビや新聞などと比較してまだまだ低いのが現状である。特にこの傾向はシニア世代で強く、2014年の総務省の調べでは、オフラインメディアの代表であるテレビや新聞と比較して、その差は3倍にもなっている。

表2-2 年代別 各メディアへの信頼度
（出典：総務省「平成26年 情報通信メディアの利用時間と情報行動に関する調査〈概要〉」より抜粋）

H26 信頼度	テレビ	新聞	インターネット	雑誌
全年代(N=1500)	67.3%	70.6%	31.5%	17.1%
10代(N=140)	66.4%	66.4%	29.3%	21.4%
20代(N=221)	56.1%	59.7%	33.0%	20.4%
30代(N=281)	64.1%	66.5%	34.5%	21.0%
40代(N=303)	69.0%	74.3%	32.7%	17.8%
50代(N=255)	71.0%	74.9%	33.7%	9.8%
60代(N=300)	74.0%	77.0%	25.3%	14.3%

　シニアが新しい製品やサービスを利用する際、それを提供する企業が信頼に値するかどうかじっくりと確認する傾向がある。このため、できるだけすぐ目に付く位置に、「企業情報」、「お問合せ窓口」、「電話番号」などを掲載するとよい。

　またシニアは自分の知らないカタカナ言葉やアルファベットであふれかえったウェブサイトを見ると、非常に強い抵抗感を持ち、これは自分向けのサービスではないと判断してしまう。こうした事態を防ぐためには、テレビや新聞でもよく使われる平易な言葉に言い換えたり（例：ログイン→会員はこちら、TOP→先頭／最初のページ等）、補足文言を添えておくとよい。

　白内障患者においては、黄変した水晶体の影響で、白と黄色、青と濃いグレーなどが判別しづらくなる傾向がある。そのため、テキストリンクはフォントカラーを青色にするだけでなく、下線を沿えるなどして色以外の特徴を持たせるとよい。

　余談だが、「フォントサイズ」に対しては、最悪の場合でもユーザー側が画面を拡大表示するなどして自ら対応できるようにすることが必要である。一方で「行間」と「コントラスト」については、一般的にユーザー側で変更を施すことが難しいため、制作側が一層の配慮をすべきである。

2.4 インスペクション法の実際

　日本でもインスペクション法は開発やデザインの現場で利用され続けている。ただし、オリジナルのヒューリスティック評価や認知的ウォークスルーを忠実に実行している実務家は、ほぼ皆無であろう。そもそもインスペクション法は評価者個人のスキル・知識・経験に強く依存する属人的な手法である。実務家の多くは独自の工夫を加えた評価を行っている。本書では、複数の日本人実務家（主にユーザビリティ・コンサルタント）が行っているインスペクション法に基づいた実践的な評価プロセスの一例を紹介する（なお、日本の実務家の多くは自らが行っている評価活動をインスペクションとは呼ばず、「エキスパートレビュー（専門家評価）」と呼んでいる）。

2.4.1 評価の準備

　一般にインスペクションは「簡便」な手法と捉えられているが、それは準備を省略するという意味ではない。効果的な評価を行うためには十分な準備が欠かせない。依頼者のニーズを把握したうえで評価方針を立て、評価目的に適した評価者を集めなければ、的外れな評価結果を出してしまうだろう。

(1) 依頼者との打ち合わせ
　効果的な評価を実施するためには、まず依頼者と直接面談して、「何を」「なぜ」評価して、「どのような」成果を出したいと考えているのかを把握しなければならない。一問一答形式よりも、ざっくばらんな会話の中から相手のニーズを探りだすような形式の面談が望ましい。標準的な把握ポイントは以下のとおりである。

- 対象製品：バージョン、プラットフォーム（iOS/Android）、プロトタイプの精度など
- 製品情報：製品コンセプト、対象ユーザー、ビジネスモデルなど
- 目的：現状把握、競合分析、改善案策定など
- 規模：評価範囲（広さ・深さ）、予算、期間（納期）など
- 納品物：箇条書き、簡易レポート、フルレポートなど
- その他：過去の調査・評価結果、実装上の制約条件の有無、他の意思決定者の存在など

(2) 評価チームの結成
　原則として評価は複数の評価者で行うべきである。それは、一人の評価者では、どうしても偏

りが生じて、問題点の一部分しか発見できないからである。可能であれば、エンジニア出身・デザイナー出身といった異なるバックグラウンドを持った評価者を組み合わせれば、さらに多様な視点が得られる。また、外国語のユーザーインタフェースを評価する場合は、その言語に関してネイティブであり、かつ、そのユーザーインタフェースを利用するユーザーの文化を理解している（なるべく現在生活している）ような専門家を必ず含めるようにする。

(3) 評価方針の共有

依頼者と打ち合わせた内容を他のメンバーに伝えて、評価チームとしての方針を立てる。的外れな評価に陥らないために、全員が必ず実施する内容や特に念入りに評価すべき箇所などを取り決める。なお、エキスパートレビューでは、事前に評価内容を厳密に定義するよりも、各評価者の特性を生かせるように自由度を残したほうがよい。

2.4.2 評価の実施

評価方針が決まったら評価作業に入るが、原則として評価者は「個別」に評価を実施する。ミーティング形式で評価を実施すると、どうしても一部の評価者の視点に影響されてしまって、多様な視点が失われてしまうからである（なお、グループミーティング形式を好む組織もあるので、依頼者の意向に合わせるほうがよい）。

通常、個々の評価者は「初見ユーザー」として"手探り"で、つまりマニュアル等は参照せずに製品を使ってみることから始める。そして、想定ユーザーのモチベーションや利用状況に基づいてタスクを設定して実行したり、わざと誤操作を行ったり、エラーを発生させたりして、様々な切り口から製品のユーザーインタフェースを探索して問題点を発見していく。また、既定のデザイン・ガイドライン等と照らし合わせて画面デザインの細部をチェックすることもある。例えば、スマートフォンのアプリを評価する場合の作業手順は以下のようになる。

1. インストールから初期設定完了までのプロセスチェック
2. チュートリアルの内容チェック
3. 主な画面をブラウズ
4. タスク設定とタスク実行
5. エラー操作とエラー回復のチェック
6. 画面デザイン詳細チェック

このように、評価者は専門家の視点とユーザーの視点の両方から製品を探索するので、専門家としてのバックグラウンド（デザイン原則や認知心理学など）や多様な製品のユーザーインタ

フェースに関する幅広い知識とともに、様々なユーザーの実際の行動に関する知識を必要とする。つまり、効果的なインスペクションを行うためには、ユーザー調査やユーザビリティテストの豊富な実施経験が欠かせない。

2.4.3 評価結果の取りまとめ

個別評価が終わると、その結果を取りまとめるために、改めて評価チーム全員に集まってもらってミーティングを開催する(ビデオ会議システムを使ったリモート・ミーティングでも可)。このミーティングでは主に以下のような作業を行う。

(1) 評価結果のマージ

個別の評価結果から重複を除外して、評価チーム全体としての問題点の一覧を作成する。その際に、少数意見を排除してはいけない。インスペクションでは多様な視点からユーザーインタフェースを探索して、なるべく多くの問題点を発見することが重要である。

(2) 深刻度の評価

リストアップした問題点について、その深刻度(重要度)を評価する。深刻度は「影響度」と「頻度」という二つの要素を掛け合せて総合的に判定することが多い。「影響度」とは、ユーザーが被るであろう被害の大きさである。「発生頻度」とは、その問題に遭遇するであろうユーザーの数である。例えば、ユーザーが誤操作するとデータが失われるという問題があった場合、その影響度は大きいと言えるが、そのような誤操作は滅多に起きないと想定されるならば、総合的な深刻度としては中程度であると判定することになる。なお、「影響度」と「頻度」に加えて、その問題が初回使用時だけのものなのか、その後もユーザーを悩ませるのかという「持続性」も加味して判定する場合もある。

(3) 改善案の策定

深刻度を評価すると優先順位をつけることができるようになるので、まず優先度の高い問題点(深刻度の高い問題)から改善案の検討を開始する。ミーティング参加者全員で、最初はブレインストーミング形式で多様なアイディアを出してから、徐々に実現可能な改善案にまとめて行く。その際に、既知のデザイン・パターンや他製品の成功例などを参考にしてもよい。

なお、ユーザビリティ評価とは、製品のデザイン仕様を再定義することではない。ユーザビリティ評価のアウトプットとして完璧なデザイン指示書を作成する必要性はなく、通常は、ラフなス

ケッチを提示したり、改善するための方向性を文章で示したりすれば十分である。最終的なデザインは、開発チームが議論して決定すべきものであって、評価者が押し付けるべきものではない。

2.4.4 レポートの作成

評価結果の取りまとめが終わったら、代表者がレポートを作成する。レポートに含まれる主な項目は以下のとおりである。

1. 評価概要（評価設計概要と実施概要）
2. 総評
3. 問題点と解説
4. 提案（改善案）

スクリーンショットや画面遷移図を豊富に含んだフルレポートを作成するには、それなりの時間を要する。アジャイル開発が普及した現在の製品開発現場では時間は貴重であるので、フルレポートを作成する前に、要点だけをまとめた速報版の簡易レポートを関係者に配信すると喜ばれる。また、実際には詳細なフルレポートはほとんど読まれないので、コンサルティング業務以外では簡易レポートのみでも構わない場合が多い。

例えば、以下のようなレポート（ただし、架空の製品に対する架空の評価結果である）であっても十分役に立つ場合が多い。

評価レポート（速報版）の例

---

1. 評価概要
・評価対象：トラベル倶楽部（iPhoneアプリ）　※架空のアプリ
・評価者：2名（ユーザビリティエンジニア1名＋ユーザーインタフェースデザイナー1名）
・評価実施機種：iPhone 5s, 6
・利用状況シナリオとユースケース：
　　シナリオ1：既存会員であるユーザーが、通勤時間の電車の中で、近いうちにある長期休みに家族で温泉旅行に行こうと思い、情報収集をするためにアプリを立ち上げる。そして、PCでの本格的な比較検討ステップに備え、候補となる宿をクリップする。
　　＜主なユースケース＞
　　・情報の検索（カテゴリ検索中心）

・情報の閲覧
・情報のクリップ（およびPCからのアクセス）

シナリオ２：既存会員であるユーザーが、自宅でテレビを見ていた際に紹介されていた温泉宿に空きがあるかどうか確認しようと思ってアプリを立ち上げる。そして、実際に予約手続きを行う。
＜主なユースケース＞
・情報の検索（キーワード検索）
・情報の閲覧
・予約

2. 総評
　最大規模の会員数を誇る旅行情報サイトが提供するアプリであり、PCサイト版と変わらない情報量、機能が提供されており、スマホだけでも十分目的を達成できる。その中でも、特に予約支払プロセスは丁寧に作られていて、EC系スマホアプリのベストプラクティスの一つに挙げられると言ってもよい。ただ、PCサイト版の膨大な情報、機能を全部スマホアプリに詰め込んでしまった傾向があり、情報構造や画面構成にわかりづらさ、見づらさが散見される。

3. 発見された問題点
＜主な問題点＞
・PC版と共通のIDが利用できるが、クリップ機能の連携に対応していない。
・一覧リストなどの画面において、各選択肢の特徴や違いを示す情報が少ないため、比較選定作業が行いにくい。結果的に多くのタップ数や通信待ち時間が必要になってしまう。
・各種画像の拡大操作に対応していない。
・トップ画面やクリップリストへの恒常的な導線がないため、スマホ利用時に重要な検索条件の再設定やクリップリストの管理が行いにくい。

＜操作ステップ毎の問題点詳細＞
▼トップ画面
・クリップリストへの導線がファーストビューに見当たらない。

・検索フォームにサジェスト機能が搭載されておらず、表記揺れに対応できない。

▼温泉地一覧
・温泉地の内容に関する情報がなく、比較や選定が行いにくい。

▼宿一覧
・一部テキストのコントラストが小さく読みにくい。
・クチコミ数、評価数が表示されていないので、比較や選定が行いにくい。

▼宿詳細、プラン一覧
・デフォルトがプラン一覧になっており、宿自体の情報にすぐアクセスできない。
・写真の拡大に対応していない。
・クチコミを点数別に確認することができない。

▼プラン詳細
・トップやクリップリストへの恒常的な導線がなく、下層ページに進むほどアクセスしづらくなる。

▼予約・支払
・問題なし。

4. 改善のための提案
・タブメニューを設置し、主要な機能への恒常的な導線を確保する。
・検索フォームにサジェスト機能を追加する。
・口コミを点数別に絞り込んで閲覧できるようにする。
・写真がタップされたら別レイヤーで表示し、ユーザーが自由に拡大して確認できるようにする。

第3章
ユーザビリティテストと関連手法

　ここでは、ユーザビリティテストの歴史的背景、日本における普及、評価法のなかでのユーザビリティテストの位置づけ、ユーザビリティテストの各手法、ユーザビリティテストで使われる定量的指標などについて説明したのち、テスト計画から報告書の作成までのプロセスを詳しく解説し、さらに読者の理解を容易にするために実際のテスト事例を掲載している。

3.1 ユーザビリティテストの歴史

3.1.1 ユーザビリティテストの拡がり

　米国のUXアナリストであるサウロ（Sauro, J.）が作成した「A History of Usability」という年表は、テイラー（Taylor, F.）が「科学的管理法」を刊行した1911年から始まっている。確かに、テイラーの手法は労働者（人間）の生産効率を向上したが、決して「人にやさしい」ものではなかった。もっと「人間中心」的な活動が始まったのは、意外にも戦争中であった。

　　第2次世界大戦中、アメリカ陸軍航空軍（後のアメリカ空軍）はパイロットの「操縦ミス」によるB17爆撃機の着陸事故に悩まされていた。なぜかパイロットが着陸時に車輪を引き上げてしまい、機体を滑走路に激突させてしまうのだ。
　　なぜ、パイロットはこんな初歩的なミスを犯すのか？　訓練に問題があるのか、それとも疲労やストレスが原因なのか——。軍は、大学で心理学を学んで入隊したばかりの若き中尉に、この「操縦ミス」の原因を明らかにするよう命じた。
　　彼はパイロットに話を聞くとともに、爆撃機のコックピットを注意深く観察した。その結果、彼は重大な点に気づいた。B17爆撃機のコックピットには見た目がそっくりの2つの操作レバー——ひとつは車輪を出し入れするレバー、もうひとつはフラップ（高揚力装置）を上げ下げするレバー——が並んで配置されている。つまり、パイロットは（特に長距離の飛行で疲労困憊している状態では）着陸時にフラップを操作しようとして、うっかり隣のレバーを手にしてしまい深刻な事故を引き起こしていたのだ。
　　そこで、中尉はこの問題を解決するシンプルかつ強力な改善案を提案した。操作レバーの先端にゴム製の印——車輪を出し入れするレバーにはリング型、フラップを操作するレバーにはくさび形——を付けたのだ。たったこれだけのことで、パイロットはレバーを触っただけで（リング＝車輪、くさび＝フラップという形状と機能の対応付けもされているので）、それが正しいレバーかどうかを瞬時に判断できるようになり、その後、同様の着陸事故は起きなくなった。

　この中尉こそ、後に「エルゴノミクスの父」と呼ばれるようになるチャパニス（Chapanis, A.）の若き日の姿である。そして、彼がこの時に提案した解決方法は、その後「シェイプ・コーディング（形状による識別法）」として飛行機のコックピット設計に広く取り入れられるようになった。
　この逸話の中でチャパニスが使った手法はユーザビリティテストではない[*1]が、彼の視点は

現代のユーザビリティエンジニアと変わらなかった。つまり、「間違っているのはパイロットではなくコックピットである」ことを見抜いたのだ。人間のミスの背後には設計のミスがある。そして設計を変えることで人間のミスを減らしたり、無くしたりできる——そのことを彼は実証した。これこそ人間中心的な設計思想の始まりと言えるだろう。

　戦後、チャパニスのような軍が抱えていた優秀な人材は大学や民間企業の研究所などに移動して、今度は民生品に関する研究をするようになった。その中でも特に有名なのはベル研究所であろう。ベル研究所では、カーリン（Karlin, J.）を部門長としたユーザプリファレンス部（後の「ヒューマンファクター部」）をいち早く立ち上げ、プッシュボタン式電話機の開発に寄与した。また、1970年にはコンピュータベースの業務システムに対する現代風のユーザビリティテストを始めている。

　1970年代から80年代にかけて、コンピュータ産業の急速な発展に伴い、Xerox、DEC、IBM、Apple、Sun、Microsoft、etc…といったハイテク企業が社内に専用施設（ユーザビリティラボ）を設けて恒常的にユーザビリティテストを行うようになった。ただ、それらのテストは研究開発部門（R&D）が行うアカデミックなテーマに基づいた大がかりなものが主流であった。

　1990年代後半にインターネット時代が到来し、ユーザビリティはビジネスの成否を左右する重要な要素と捉えられるようになった。なぜなら、ウェブサイトの使い勝手が悪いとユーザーは容易に立ち去ってしまうからだ。そこで、eコマースサイトの会員登録や購入プロセスの改善といったビジネスに直結する課題を解決するために、開発・デザインの現場でユーザビリティテストが活用されるようになった。それらは、ヤコブ・ニールセンが提唱した小規模で反復的なテストが主流であった。

　2000年代後半になるとiPhoneの登場によってモバイルの時代が到来し、スマートフォンをプラットフォームとした様々なサービスがスタートアップ企業によって提供されるようになった。ちょうどその時期にUserTesting.comなどの「リモート・ユーザビリティテスト」のサービスが次々と登場して、従来と比較して圧倒的に短期間・低コストでテストが行えるようになった。その結果、ユーザビリティテストは小規模なスタートアップ企業であっても、その製品開発プロセスに組み込まれるようになった。

＊1　チャパニスが使ったのは「クリティカル・インシデント法」である。

表3-1 ユーザビリティテストの拡がり

1970年代	企業の研究所（ベル研究所など）
1980年代	ハイテク企業のR&D部門
1990年代後半	ドットコム企業
2000年代後半	ハイテク・スタートアップ企業

3.1.2 日本国内の変遷[*2]

　日本におけるユーザビリティテストは、1980年代に始まったとされている。その始まりのひとつは「マニュアルの評価」であった。1980年代中頃にワープロとFAXが普及すると、セットアップや操作に関して製造元の電機メーカーに対する問い合わせが急増した。そこで「わかりやすいマニュアル」を作るために評価が行われるようになったのだ。その評価技術は米国のSTC (Society of Technical Communcation) からコンサルティング会社を経由して導入したり、筑波大学の海保博之教授（当時）から指導を受けたりしたようである。ところが、マニュアル評価を繰り返すうちに、「そもそも製品（のユーザーインタフェース）がわかりづらい」という根本的な問題が明らかになってきた。そこで、各社はマニュアル評価の手法を応用して製品評価を行うようになった。なお、ほぼ同じ時期に、外資系コンピュータメーカーでも評価活動が始まっているが、彼らの場合は本社（主に米国）から評価技術を導入することが多かったようである。

　1990年代になるとユーザビリティテストは広がりを見せ始める。国内電機メーカー各社は相次いで社内ユーザビリティラボを開設するようになった。また、1991年には国内初のユーザビリティ評価を専門とするコンサルティング会社が設立された。ただ、1990年代の前半は評価を担える人材の育成はまだ十分ではなく、また、その当時の社内デザイン部門の役割が製品開発の下流工程に限定されていたため、あまり大きな成果にはつながらなかった。そのような中で、1995年に国内でユーザビリティの研究や実務に携わる関係者が集まって「ユーザビリティ評価研究談話会」が発足した。勉強会の開催やラボの相互見学といった活動を通じて、ユーザビリティテストの技術向上や社内体制の整備が進むようになった。

　2000年代になって、ユーザビリティテストはビジネスとしても注目されるようになる。1999年に発効した国際規格「ISO 13407」は日本企業にユーザビリティの重要性を認識させた。また、ニールセンが書いた「ウェブ・ユーザビリティ」が日本でも流行して、ウェブサイト制作時にユーザビリティが考慮されるようになった。また、2000年代は携帯電話が本格的に普及した。大手通信各社は半年毎に新しい端末を市場に投入する際に、積極的にユーザビリティテストを行うようになった。そこでユーザビリティテストのサービスを提供する会社が次々と現れた。2010年代になると、日本でも「ガラケーからスマホ」に市場がシフトして、スマートフォンをプ

ラットフォームとした様々なサービスが提供されるようになった。そのようなサービス提供者に向けて、日本でもリモート・ユーザビリティテスト・サービスがいくつか登場するようになった。

なお、ゲーム業界ではユーザビリティテストと類似した独自の活動をすでに1980年代初期には行っていた。岩田聡氏が「肩越しの視線」と呼んだ任天堂社内の慣習は、後に「プレイテスト」として世界中で広く用いられるようになった。

表 3-2 日本国内における変遷

1980年代	評価技術の輸入（主に米国から）／マニュアル評価から製品評価へ
1990年代	企業内ユーザビリティラボ開設／ユーザビリティ評価研究談話会発足
2000年代	Web ユーザビリティ・ブーム／JIS Z 8530 (ISO 13407 翻訳規格) 発行
2010年代	国産リモート・ユーザビリティテスト・サービス登場

3.1.3 スタイルの拡がり

「テスト参加者にタスクを実行してもらって観察や測定を行う」── 1970年代の黎明期から2010年代の現代まで、ユーザビリティテストのこの基本原理は変わっていない。しかし、テストのスタイルは大きく変わっている。

最も伝統的なユーザビリティテストとは「総括的評価」を目的としたものである。つまり、その製品のユーザビリティが目標レベルに達していると言えるか、また他製品と比較して優れていると言えるか等を結論づけるようなテストである。そのためには、タスク達成時間、タスク達成率、クリック数、エラー数、ヘルプ使用回数などの客観的な数値として測定可能なデータを収集して、それを統計処理（平均、検定など）することになる。もちろん、定性的な観察データも併用するが、主なアウトプットは「数値」である。

例えば、あるビジネス用ソフトウェアの開発会社では、新製品の生産性の高さを実証するために、同社の旧製品と比較するためのユーザビリティテストを実施した。合計22名のテスト参加者にそれぞれ11個のタスクを実行してもらい、その達成時間、達成率、主観的評価（使いやすさ、時間に対する満足度）、およびSUS (System Usability Scale) スコアを測定して平均値を算出した。その結果、表3-3のようなアウトプットが得られて、新製品のほうが優れた生産性を実現することが明らかになったと結論づけている。

＊2　この項の執筆にあたり早川誠二氏（人間中心設計よろず相談）、吉武良治氏（芝浦工業大学）、柴田哲史氏（サイボウズ株式会社）にご協力いただきました。

表3-3 ユーザビリティテストのアウトプット例　　　　　　(n=22)

	新製品	旧製品
タスク達成時間	20分06秒	43分42秒
タスク達成率	90.1%	71.4%
使いやすさに対する満足度*	6.52	4.19
時間に対する満足度*	6.50	3.93
SUSスコア	91.71	51.82

(*) 主観的評価2項目はいずれも最小1〜最大7の7段階評価

　このような総括的ユーザビリティテストはアウトプットが明確なので、マーケティング部門やマネジメント層からはそれなりに支持されたが、開発の現場からは煙たがられることが多かった。テストが「関所」のような位置付けになり、テストを通過させることが開発の重要な目標になるのだが、テストそのものからは製品の改善に役立つ情報が迅速に得られないからであった。そのため、著名なソフトウェアエンジニアでブロガーでもあるスポルスキー(Spolsky, J.)は自著の中で「ウザいユーザビリティテスト」と痛烈に皮肉ったのであった。

　そのアンチテーゼがニールセンの提唱した「ディスカウント・ユーザビリティ工学」であり、その中核をなすのが「思考発話法を使った小規模なユーザビリティテスト」である。ニールセンは定性的な観察結果に関しては、5人のテスト参加者でテストすれば大規模なテストの85％の成果が得られるという説を唱え、開発プロセスの最後に大規模なテストを行うよりも、開発プロセスの途中に小規模なテストと改善を繰り返し行う（形成的評価）べきだと主張した。この説に対しては反論も少なくなかったが、開発の現場では徐々に支持が広がり、5〜6名でテストを行うことが標準的になった。

　ただし、ニールセンの言う「ディスカウント」とは、あくまでR&D（研究開発部門）が行っていたテストと比較した話であって、その実態は専門家の参加を前提とした比較的高価なものであった。そのため、開発の現場ではユーザビリティテストが製品の改善に効果があることは知られるようになったものの、実際には予算の範囲内で年に1〜2回行う「イベント」のような位置づけにとどまっていた。

　本当の「激安」ユーザビリティテストを普及させた立役者はクルーグ(Krug, S.)である。その極意は「DIY: Do It Yourself」——つまり、専門家に依頼するのではなく、開発者やデザイナーが身近な機材を使って自らの手でテストを行うことであった。これは費用、時間、アウトプットに軽量化の波をもたらし、現在では毎週のようにテストを実施する開発チームも少なくない。彼の著書『Don't make me think!』[※3] (New Riders Publishing, 2000年)はその軽妙な筆致も相まって全世界で愛読され、第3版までの累計が50万部という文字どおりベストセラーとなっ

ている。

　現代的なユーザビリティテストのもう一つの源流は、1990年代後半に米マイクロソフトで開発された「RITEメソッド（Rapid Iterative Testing and Evaluation）」である。従来はテスト参加者5〜6名分のデータを収集・分析した後で再設計（改善）に取り掛かるが、RITEメソッドでは1名の観察結果であっても、その場で果敢に設計を変更して、すぐに再テストを行って検証する。それまでユーザビリティの専門家は「何人のユーザーをテストすれば何パーセントの問題が発見できるのか」という精度の議論を延々と繰り返してきたが、RITEメソッドでは精度よりも成果（製品の品質向上）を重視したのである。もちろん、RITEメソッドが成立するためには前提条件があるが、このような成果志向はアジャイル開発やリーンスタートアップといった現代の製品開発手法の価値観と合致するものであり、開発の現場では現代風にアレンジしたRITEなアプローチが広く用いられている。

表3-4 ユーザビリティテストのスタイルの多様化

総括的	品質管理的
形成的	小さく反復的
DIY	ダウンサイジング
RITE	成果志向

3.2 ユーザビリティテストの位置付け

3.2.1 なぜユーザビリティテストが必要なのか

　日々のプロダクトの運用改善に欠かせないものの一つが、「アクセスログ」「操作ログ」などの客観的な行動データである。しかし実際の施策を考える上では、こうしたデータだけでは不十分なことが多い。なぜなら、あくまでこれらは「実際の行動結果」のみを示しており、その行動のもととなった「理由・背景」や「心情」、さらには「本来やりたかったこと」などの情報が含まれないからである。その点、ユーザビリティテストでは、ユーザーの行動を直接観察することや、その際の心理状況をヒアリングすることで、上述のような「隠された」情報を得ることができる。これにより、改善施策の効果や効率を高めやすくなる。

　またユーザビリティテストは、仮説の形成や発見に長けた手法である。ゆえに、漸次的な改善

※3　日本語版は『ウェブユーザビリティの法則-ストレスを感じさせないナビゲーション作法とは』（中野恵美子訳、ソフトバンククリエイティブ、2001）。

を繰り返して成果が頭打ちになったプロダクトなどにおいて、こうした新しい発見から飛躍的な成果向上につながる施策を生み出すケースも少なくない。

さらにユーザビリティテストのアウトプットは、他の手法と比較して、見る者の「共感」や「納得感」を引き出しやすい点が特徴的である。アンケートやインスペクションで問題点を指摘されるだけでは実感できないことも、実際にユーザーが困惑したり失敗したりする様子を目にすると、より深刻な危機感を持つようになる場合が多い。中にはこうした効果を期待して、関係者へ提案して説得力を高めることだけを目的としたユーザビリティテストも行われるほどである。

3.2.2 ユーザビリティテストの実施タイミング

ユーザビリティテストが実施される一般的なタイミングとして、大きく3種類が考えられる。

まず既存プロダクトのリニューアル前が挙げられる。これはISO13407やISO9241-210に示されたHCDプロセスの「利用状況の理解と明確化」の段階に当たる。テストでは、主にリニューアル前の既存プロダクトをテスト参加者に利用してもらうことで、どこに問題があるのか、どのように解決するのが適切かを明らかにし、そのリニューアルの範囲や改修コンセプトを明らかにすることが目的となる。この際、自社プロダクトだけではなく、競合プロダクトや普段の行動を再現してもらう包括的な設計にすることも有効である。

このタイミングにおいては、専門家によるインスペクション法が用いられることもある。しかし実際のユーザー層と異なる人間による評価では、当人ならではの事情や利用文脈、当該環境の再現精度などに限界があり、「利用状況の理解と明確化」という目的に関しては十分な注意が必要である。重要な課題を見落とすリスクを考えると、できればこの段階ではインスペクションだけを単独で用いるのではなく、実際のユーザーと接触して話を聞くような機会を確保するようにしたい。

次に、新規プロダクトや既存プロダクト改修案のプロトタイプを用意したタイミングが挙げられる。これはHCDプロセスの「デザインによる解決案の作成」と「評価」の段階と言える。ここでは、ユーザーが設計意図どおりに利用できるかどうか、プロダクトの構造に致命的な欠陥がないかどうかなどを確認することが主目的で、発見された問題点については早急な修正対応が行われる。こうしたプロダクトを作り上げる過程での評価は「形成的評価」と呼ばれ、小規模でもよいので、より頻繁に、反復的に行うことでより効果を高めることができる。なお、この段階ではプロダクトが不完全な状態であるため、その挙動をフォローするために後述の「対面型ユーザビリティテスト」として実施するケースが多い。

形成的評価においては、ユーザビリティテストと並んでインスペクションも積極的に用いられている。プロダクト形成時のユーザビリティテストは、どうしても実施できる回数や人数に限り

があることが多いため、少数のテストでカバーできない範囲をインスペクションでカバーする。

　最後に、プロダクトリリース後の総括的な評価があげられる。これは言わば「期末テスト」のような位置付けで、HCDプロセスのループを抜けて、最終的に「デザインによる解決案は要求事項に適合」したかどうかを確認することが目的である。ここでは新たな問題点を発見することよりも、より客観性のある、精度の高いデータを得ることを主眼とする。後述の「定量指標」はこうしたケースで用いられることが多く、またそのデータ精度を確保するために、他のケースよりも比較的多くの調査対象者数を必要とする。

3.2.3 ユーザビリティテストが向かないこと

　ユーザビリティテストは、数名〜十数名と少人数に対して行われることがほとんどである。そのため、個人によるバラつきの影響が比較的大きく、「確からしさ」を求められる検証目的にはそぐわない。こうした場合には、客観的な行動ログデータやA/Bテスト、一定母数を確保したアンケート調査を別途組み合わせることで、検証の役割分担を行うとよい。

3.3 ユーザビリティテストの手法

　ユーザビリティテストには、様々な手法や実施形式がある。これらは状況に応じて適切なものを選択したり、組み合わせたりして実施される。

3.3.1 思考発話法（Think Aloud Method）

　思考発話法は、最も標準的なユーザビリティテストの進め方の一つである。テスト参加者には、タスクを行いながら頭の中で考えていることを声に出してもらうよう指示し、観察者はシステムを操作する様子と同時に発言内容を記録する。これにより、テスト参加者がプロダクトのどの部分に注目し、それをどのように解釈したのかを詳細に把握することができる。この発言が上手く抽出できると、システムの改善に役立つヒントが多数得られることとなる。

　ただし人が操作を行いながら同時に話をすることは案外難しい行為であり、特にテスト参加者が初めての場合には、話すことに意識が向いてしまい、その間の自然な利用状況の再現を妨げてしまう恐れがある。そのため可能であれば、事前に思考発話に慣れてもらうための練習時間を確保できるとよい。

3.3.2 回顧法（Retrospective Method）

　回顧法は、テスト参加者にタスク実施中は意図的な発話をすることなく自然に操作をしてもらい、タスク終了後に改めて自分の行動を振り返りながら質問に回答してもらう手法である。前述の思考発話を上手く行うことができなかったり、タスク途中での発言がパフォーマンスの測定に影響を及ぼすことが予想される場合に用いられる。

　人によって出来不出来の差がある思考発話法よりも安定した回答を得やすいのが特徴であるが、実際の操作から振り返りまでに一定の時間が経過していることもあり、操作時の行動意図を忘れてしまっていたり、後から解釈を付け加えたりしてしまうというリスクも並存することは認識しておきたい。

　ちなみに実際の現場では、思考発話法と回顧法を組み合わせた形で実施されることも多い。この場合、思考発話法で拾いきれない部分を、タスク後のヒアリングの際にフォローするという流れとなる。

3.3.3 アイトラッキング分析

　アイトラッキング分析は、「アイトラッカー」と呼ばれる特殊な装置を用い、タスク実施中のテスト参加者の視線を記録することで、通常のユーザビリティテストだけでは拾いきれなかった一画面内の微細な行動や心理状況を分析対象とする手法である。

　アイトラッカーには、ウェブサイトなどのデジタルメディアの評価に特化した「テスト参加者一体型」、持ち運びが可能でタブレット端末やATMなど様々な機材に設置できる「コンパクト型」、商品陳列やスポーツ解析などに適した「グラス（眼鏡）型」などの種類がある。一般的に、一定以上の精度が期待できる商用ハードウェアとソフトウェアのセットは数十万円〜数百万円ほどと高価なため、単発の調査においては機器レンタルや外注での実施も考慮に入れるとよい。

　通常、テスト参加者はタスク実施直前に「キャリブレーション」と呼ばれる個別の調整作業を行い、その後タスクを実行する。このとき、グラス型以外は特に何かを着けたりかぶったりする必要はなく、自然に近い状況で実施することができる。

　記録された視線データは、動画としてタスク実行時の操作画面に重ね合わせて確認することができる。他に、画面上の視線が集中した箇所が赤く色づく「ヒートマップ」、視線の動向を円と線で表した「ゲイズプロット」、任意に指定した領域にどの程度視線が滞留したのかを定量的に算出する「AOI（Area of Interest）」などのアウトプットを得る。余談ではあるが、アイトラッカーでは瞳孔径も記録できるため、これを提示した刺激に対する興味関心度合いの参考とすることもある。

　アイトラッキングが特に有効なのは、ウェブサイトのランディングページなどの画面の評価、広

告やバナーなどの誘目効果測定などがある。こうしたケースでは、利用者が「何を見たのか」「何を見なかったのか（気づかなかったのか）」「どのような順番で見たのか」がわかることで、根拠に基づいた効果的な改善施策を考えることができる。

3.3.4 実施形式

現在一般的に行われているユーザビリティテストの実施形式は、「場所」と「進行」という観点から表3-5のような分類を行うことができる。

表3-5 ユーザビリティテストの実施形式

		場所	
		対面	遠隔
進行	モデーターあり	[1] 対面型ユーザビリティテスト	[2] 同期型リモート・ユーザビリティテスト
	モデーターなし	―	[3] 非同期型リモート・ユーザビリティテスト

　これらのうち、最も古くから行われているのが[1]の対面型ユーザビリティテストである。「対面…」では、テスト企画者側がパソコンやビデオカメラなどの評価用機材を備えた会場を用意し、そこにテスト参加者とモデレーター（進行役）が同席した上で、モデレーターが直接案内することによってテストが進められていく。この形式はテスト参加者とのコミュニケーションが容易なため、深堀りが必要な複雑な課題を抱えたプロダクトや、プロトタイプなどの未完成なシステムの評価に適している。ただし対面型ユーザビリティテストにかかるコストは、調査会社にすべてを依頼した場合、5名のテストで50〜100万円程度と高額な場合が多い。設計・実査・分析を自ら行う場合においても、「リクルーティング費」「交通費」「謝礼」「会場および機材費」等が必要となる。このため、プロダクトの規模によっては予算が追い付かず、頻繁に実施することが難しい場合もある。

　[2]の同期型リモート・ユーザビリティテストは、モデレーターとテスト参加者をテレビ電話やSkype等の画面共有ツールで繋ぐことによって、双方が遠くにいながらにして[1]と同じようなテストを実施する形式である。映像データをリアルタイムでやり取りできるだけの通信環境が必要とはなるが、テスト参加者の移動や会場が不要となる分、[1]よりも実施コストが抑えられるのがメリットと言える。またテスト参加者の居住範囲を全国（もしくは全世界）にまで広げることが可能となるため、テスト参加者を近くに求めにくい場合には重宝する。

　[3]の非同期型リモート・ユーザビリティテストは、あらかじめトレーニングを受けた登録済みテスト参加者が、好きな時間、好きな場所において各自でテストを進める方法である。テストを

スタートすると各々の画面にはタスク内容が表示され、テスト参加者はそれに従って操作を進める。タスク前後にはいくつかの質問も提示することができ、テスト参加者は画面上で入力もしくは口頭にて回答する。これらの行動や回答は動画キャプチャツール等を用いて録画録音され、そのデータを順次回収することにより分析が可能となる。

　非同期型リモート・ユーザビリティテストは、代表的なサービスとして2008年に"usertesting.com"が米国で事業を開始した。また2010年代に入ると日本のテスト参加者を対象とした"PopInsight"や"UIscope"などのサービスが現れ、国内でもユーザビリティテストを手軽に実施できる環境が整ってきた。この形式の最大の強みは、コストの低さである。一般的に1人数千円程度から実施可能で、会場や機材を自ら用意する必要もなく、さらに経験豊富なモデレーター（進行役）も必要としない。また同時に何人ものテスト参加者に対して同時に依頼をかけることができるため、多くの人数に対してテストすることも容易である。通常は誰もがアクセスできる一般公開プロダクトを評価する場合が多いが、テストサービス事業者によっては開発中のウェブサイトやアプリに対応させることもある。

　一方で非同期型リモート・ユーザビリティテストは、基本的に自宅等にて自分一人で操作を進めてもらう形式であるため、そこで発生した行動や回答に対する深堀りが難しいという欠点がある。また指示されているタスクや質問の意味を取り違えてしまったり、途中で何かアクシデントや不具合が発生したりしても、こちらから手を差し伸べることは不可能である。こうしたリスクを回避するためには、テスト実施人数を想定より1〜2名多めに指定しておき、一部のテスト参加者にトラブルや解釈ミスがあったとしても分析に影響が出ないように計画しておくとよい。

3.4 ユーザビリティテストの定量指標

　ユーザビリティテストの定量指標は、結果を定量的に把握するアプローチの一つであり、特に総括的なユーザビリティテストで用いられることが多い。ここではユーザビリティ評価レポートの一規格であるCIF (Common Industry Format for Usability Test Reports) (ISO/IEC 25062:2006)で言及されているものを中心に紹介する。

3.4.1「有効さ」に関する指標

　「タスク達成率」は、テスト参加者がそのタスクのゴールに到達できたか否かを判定し、「タスク達成者数／タスク実施者数」として算出できる。タスク達成率を厳密に用いる場合には、数字の

有効性を担保するため、おおよそ20名以上のテスト参加者母数を確保する必要がある。テスト参加者数が少なかったり、簡易的な分析の場合には、「X名中Y名が未達成」というように、母数を含めた具体的な数値として表すと誤解なく伝わりやすい。タスクの達成度合いが部分的に判定可能な場合は、0-100%の指標を用い、その平均を算出することもある。

「エラー」は、タスク達成率とは逆に、ゴールに到達できなかったタスクの割合である。このとき、エラー内容の分類とともに整理されることがある。

「アシスト」は、テスト参加者のタスク進行が止まってしまった場合などに、モデレーターが正しい方法を直接教えたタスクの割合である。この際、プロダクト内に用意されたヘルプ等を用いて自分一人で対処できた場合は、アシストの数に含まれないとされる。

3.4.2「効率」に関する指標

「タスク達成時間」は、テスト参加者がタスクを開始してからゴールに到達するまでに必要とした時間(秒)を計測し、その平均値を算出する。タスク全体だけでなく、記録映像等のタイムスタンプを参考に画面単位に切り分けて算出することもある。ちなみに有効さと効率の間には一定のトレードオフ(例:タスクの正確な達成を優先して慎重に操作するあまり時間がかかってしまうなど)関係が想定できることから、前述の「タスク達成率」を「タスク達成時間」で割った指標が用いられることもある。

「NE比」は、初心者(Novice)と熟練者(Expert)それぞれ数名にプロダクトを使用してもらい、操作ステップ毎に「初心者の操作時間平均／熟練者の操作時間平均」を算出する。初心者はそのプロダクトを初めて使用する人、熟練者はそのプロダクトを熟知したヘビーユーザーや開発・デザインを担当した者などから選定するのが一般的である。この指標の特徴は、単純な操作時間の絶対値ではなく、初心者と熟練者の差が激しい部分に特に焦点を当てるという点である。実感としては、このNE比の値が3を超えたら要注意、5を超えたら対応の優先度を高めるとよい。

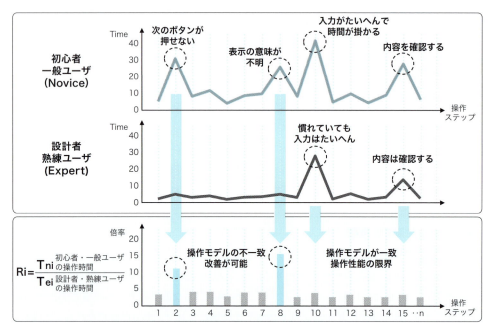

図3-1 NE比の考え方（NE比は下部のグラフの縦軸に示されている）（from Urokohara et al. 2000）

3.4.3 「満足度」に関する指標

　満足度はそのプロダクトに対する主観的な評価であり、タスク終了後にアンケート形式で実施されるのが一般的である。設問の選択肢には、リッカート評定尺度（1.まったく同意できない〜5.強く同意する）やSD法（明るい 1〜5 暗い）などが用いられ、その度数や平均値等を求めることで、リニューアル前後または競合との相対的な比較に用いられることが多い。

　アンケート内容はプロダクトに則したものが都度用意されることもあるが、ユーザビリティ分野でよく利用されている尺度も多数存在する。この中でよく知られているものに、SUS（System Usability Scale）、日本のウェブサイト評価に特化したWUS（Web Usability evaluation Scale）、また近年ではUXを計測するための簡便な指標としてNPS（Net Promoter Score）等がある。詳細は第4章を参照されたい。

3.5 ユーザビリティテストの実際

3.5.1 計画

　ひとくちにユーザビリティテストといってもスタイルや手法は様々であり、目的に応じた選択が必要となる。一般に「ユーザーに試してもらい、どこでつまずくかを観察したり、意見をもらったりする」のがユーザビリティテストであるが、この「観察する」と「意見をもらう」ですら実は同時に行うのは難しい。もっとも代表的な手法は3.3.1項でも紹介した思考発話法（Think Aloud Method）で、参加者に製品を操作してもらいながら気づいたことや感想などを口に出してもらう手法である。観察する側からすると便利なためまずはこれをやってもらってみるという現場も多い。ただしこの手法は参加者に、製品の使い方で悩んでいる時に、さらにそれを他者に整理して伝えるという思考リソースを要求する。それが負担となってタスクのパフォーマンスが落ちる場合もあるし、逆に思考が整理されてパフォーマンスが上がる可能性もある。いずれにせよ本来参加者が日常場面で製品を使っていた状況とは異なる利用環境であり、観察の質／正当性は落ちる。当然時間測定などにも影響する。このように手法によって一長一短やトレードオフが多く存在するため、そのミッションではどんな知見やデータを得ることをゴールとするのか明確にし、それに適した手法を選択する必要がある。例えば、タスク中は極力不干渉で定量的なデータを集めることと、対話主体で積極的に発話を促したり、質問して感想や意見を聞いたりすること、そのどちらに主眼を置くかは、事前にはっきりさせよう。

　また対話を重視するインタビュー寄りのユーザビリティテストでは、モデレーターの話の振り方次第で対話の方向性や話題が変わってくる。限られた時間の中で、あまり重要ではない話題は軌道修正しなければならないこともある。モデレーターはなにを深掘りし、なにを遮るか、観察担当者は膨大な事象のどこに着目すればよいか、記録担当者はどの言葉を記録に残す必要があるか、といったフィルタリングを行うためにも、やはりミッションのゴールを事前にきちんと定義しておくことが重要である。「とりあえず動くものができたので、ユーザーに触ってもらおう」から始まるユーザビリティテストではあるが、実施に際してはより具体的に、たとえば「今回は登録フォームを使って最後まで登録を完遂できるかどうかの達成率を、メインターゲットである20〜30代のスマホ利用経験が浅めの層で検証しよう」、「プロトタイプでサービス概要をイメージしてもらった上での受容性やニーズを把握したい。プロトの細かい操作性は二の次でよい」のようなゴールを決めてから臨むべきである。

　最低限明確にしておくべき要素としては、以下のようなものがある。

(1) 対象とするユーザーインタフェース要素（操作部位、画面）
　一般にユーザビリティテストは一人の参加者について60〜90分程度のセッションを組む。あまり多くの画面や要素に関するタスクを詰め込みすぎるよりは、基本操作など範囲を絞って実施するほうが精度の高い結果が得られる。

(2) 対象ユーザー層
　人によって製品の利用実態やスキル、好き嫌いは様々であり、例えば「シニア層」のような安直なクラスタ化は危険ではあるが、それでもより製品の想定ユーザー層に近い人達に参加してもらう努力は欠かせない。「シニア層」という括り方で言えば、そこでいう「シニア」は具体的にどういう属性なのか。単に「ITリテラシーが低い」層という意味なのか「離れて暮らす孫がいてテレビ電話をよくする」あるいは「リタイアしてよく海外旅行に行く」なのか、ここでも実施に際してはより精緻な定義が必要となる。

(3) 検証したい仮説を評価する尺度、基準
　「3.4節 ユーザビリティテストの定量指標」で触れたように、例えば「使いやすいかどうか」を検証したいとしても、その尺度は様々である。有効さであれば達成度、効率であれば達成時間や操作ステップ数、画面遷移数といった客観的な定量尺度を用いるのが一般的である。それらの尺度で、「何%の人が達成できたら良しとする」「初見で何分以内で達成できたら良しとする」といった基準を満たすかどうかという検証をする。満足度で測るならばSD法やSUSといった主観スケールに回答してもらって集計したり、より定性的にコメントやアンケートを扱うことになるだろう。そうしたゴールがはっきりすれば、どの手法を採るか、どんなタスクが向いているか、記録機材としては何が必要になるか、なども絞られてくる。
　こうしたミッションの定義をメンバー内でしっかりと共有しておけば、分担して各作業を進める上でもブレなく行えるだろう。

(4) タスク概要
　ユーザビリティテストにおけるタスクとは、参加者に操作をしてもらう内容のことを指す。例えば「ユーザー登録をしてみてください」「○○という商品を注文してみてください」といったものだ。進行役がタスクを口頭や文書でテスト参加者に伝え、彼らがそれを遂行する過程を観察し、問題点を発見する。一般に一人の参加者に対する一つのセッションで、数個程度のタスクを連続して行ってもらう。詳細な設計ノウハウは3.5.5項で触れるが、所要時間の見積もりやプロトタイプの準備スケジュールとの関係もあるので、この時点でラフには決めておく必要

がある。詳細な進行や教示文までを詰めるのは参加者の募集が始まってからでもよいが、まずは目的の仮説を検証するには、製品のこの部分をこのように使ってみてもらう必要がある、といったイメージは持っておきたい。

3.5.2 プロトタイプ作成

　ユーザビリティテストにおいて試用する対象プロダクトは、必ずしも完成版である必要はない。むしろ開発サイクルからすれば、完成版やそれに準ずるものが出来上がっている頃にユーザビリティテストで問題点が見つかっても修正が間に合わないことになりがちである。したがって実際には評価対象とする部分がとりあえず動くプロトタイプや、ユーザーインタフェース部分だけを作り込んだモックアップを制作して用いるのが現実的であろう。モックアップはユーザーインタフェースの表層だけを完成版に似せてあればよく、バックエンドの実装は必ずしも本物と同一である必要はない。例えばWebサーバーやデータベースシステムを介して動くWebアプリであっても、ユーザビリティテスト用モックアップはブラウザ上でHTML+JavaScriptのみで実装したものでもよいし、PhotoshopやIllustratorといったデザインツールで製作中のデザイン案があればページ全体を単一のファイルとして書き出し、簡単なHTMLを組み合わせてボタンやリンクに相当する部分にリンクを埋め込む方法（クリッカブルマップ）も利用される。さらに言えば、手書きレベルのスケッチをユーザビリティテスト参加者に見せ、クリックしたい箇所を指さしてもらい、進行役がそれに応じてスケッチを差し替える、というアナログな手法（ペーパプロトタイピング）も存在する。どこまで完成品に近い実装でユーザビリティテストを実施すべきかは評価したい内容による。ドラッグ操作などよりインタラクティブな操作に関する部分や、エラー処理に関する部分については比較的完成版に近い動作をするモックアップが望ましい。逆に、全体のフローを検証したい場合は、必要以上に細部まで作り込んであるよりも、ラフスケッチを用いたほうがよい場合もある。精緻にデザインされてあると、参加者はボタンの色や文言などが気になってしまい、意見がほしい全体フローに関する部分に意識が向きにくくなるためである。

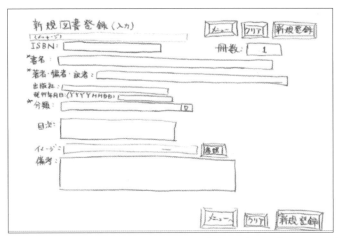

図3-2 ラフスケッチによるペーパプロトタイプ（図書室での新規図書登録画面の例）

　最近では画像ファイルにホットスポットリンクを付与し、簡易的なページ遷移を再現できるプロトタイピング・ツールが各社からリリースされている。パッケージ化してスマホ上で動作させたり、クリック以外のより複雑なインタラクションが実装できたりと進化もめまぐるしい。ユーザビリティテストに活用しない手はないだろう。

3.5.3 リクルート

　参加者集めには最短でも二週間程度は要するので、実施の日取りが決まったら早々に調整に着手するべき優先度の高い作業である。まずはとにかくやってみる、という段階であれば社内の別の部署や家族、友人など、あるいはSNSなどを活用して知り合いにお願いするのもよい（機縁法と呼ぶ）。本格的にやってみるとなれば、しっかり条件設定（スクリーニング）を行い、結果としてより広く声がけする必要が出てくるので専門業者に依頼することも多い。多くの場合まず業者の登録会員に広くWebアンケートに回答してもらうと、条件に見合う候補者リストが出来上がってくるので、その中からより条件に合致する人を選抜する。

（1）想定ユーザー層に合わせたスクリーニングをしよう

　ユーザビリティは個人差に大きく依存するため、製品のターゲットユーザー層を絞ることと同様に、ユーザビリティ評価のミッション毎のターゲットを絞ることが重要である。製品ターゲット層＝調査ターゲット層になることもあるし、調査ではさらに限定する場合もある。もっとも比率

が高いコアターゲットに絞ることもあれば、あえて懸念がある一部の層を対象とすることもあるだろう。例えば"大半の若年層には問題ないが、一部のシニア層から「見づらい」というフィードバックがあり改めて検証を行う"といった場合である。対象者が違えば結果も変わってくる可能性がある。特にユーザビリティテストではサンプルサイズが限られてしまう場合が多いので、要件定義のひとつとしてしっかりと条件設定しておこう。

(2) スクリーナー（募集アンケート）の設計
　最近ではより多くの候補者を集めるため、Webアンケートでスクリーナーを作成することが多い。最終候補者への聞き取りに電話を使う場合もある。Webアンケートはテスト参加者斡旋業者のプランに含まれている場合もあるし、GoogleフォームやSurveyMonkeyのように無料で手軽に構築できるサービスもあるので、回答者を自社で集められる場合はそうしたものを利用するのもよいだろう。

　質問項目としては、年齢、性別に加え、その人が調査目的に見合った属性を持っているかを見極める質問を入れる。ただし内容によっては直接的に質問にできないこともある。「シニア層をターゲットにしたい」と思っていたとして「あなたはシニアですか？（はい／いいえ）」という設問が有効だろうか？　こういう場面に出くわした時は、「自分達の考えるシニアとは？」と自問して定義を掘り下げる必要がある。単にある年齢を指すのか、あるいは視力が衰えている人、スマートフォンを敬遠している人、リタイアして余暇のある人なのか、といった線引きが考えられる。「スマートフォンを使っている人」という条件もよくあるが、今やこれだけ多くの人が利用しているので、実態は千差万別である。単に「あなたはスマートフォンをお持ちですか？」と聞くよりは、「自分ですべて設定できる人」から「お店や家族にまかせっきりで決まった機能しか使わない人」など具体的な選択肢を何段階か用意してもっとも当てはまるものを選ぶ形式にするほうがよい。

　また残念な話ではあるが、謝礼を出して人を集めると、虚偽の回答をしてでも参加者に選ばれようとする人が入り込んでくる可能性を完全に排除できない。ある製品の熱心なユーザーを集めたくて「○○を利用したことはありますか？」という設問で絞り込んだのに、いざ来てもらったらほとんど知りもしなかった、というケースがあり得る。この場合「○○を使ったことのある人を集めたい」という設問意図を読み取りにくくするために、「以下の中から使ったことがある製品を選んでください。（複数回答可）」のような形式にするとよい。

・質問の意図を悟られやすい設問例
　1) あなたはスマートフォンを利用しはじめて半年未満ですか？
　2) スマートフォンで○○アプリを利用したことがありますか？

・質問の意図を悟られにくくする設問例
　1）あなたのスマートフォン利用歴を教えてください。
　　（半年未満／1年未満／3年未満／3年以上）
　2）以下より利用したことがあるスマートフォンアプリを選択してください。
　　（アプリA／アプリB／アプリC／…）

　また、「ミニバンに乗っている人」で集めたのに、来てみたら軽自動車だったという例もある。その人が知っていて虚偽の回答をしたかどうかは定かではない。ただ、もしあなたが自動車業界の人間で「ミニバン」というカテゴリーに明確な線引きが可能であるとしても、一般の人にはそうとは限らない、という感覚を持っておくことは大切である。曖昧さや誤解の余地がないか気を配った上で、念のため車種名も記載してもらえば、こちらで確認／判断ができる。あまり無闇に設問数が増えるのも良くない（業者によっては設問数で価格が変動することもある）が、「ここが違っていたら実施しても意味がない」という重要な項目にはこうした念の入れ方もしておきたい。
　ともあれ作成したアンケートは、必ず回答者目線で記入してみて欲しい。もうこの時点から人間中心設計の活動は始まっているのである。

(3) 謝礼
　募集にあたって頭を悩ませるのは謝礼金の額である。こうしたリサーチに参加経験がない人は、不必要に謝礼が高いと逆になにか売りつけられでもするのではないかといぶかしむこともあるので気をつけたい。著者の肌感覚では、ごく一般的な対象者であれば1～1.5時間の拘束に対して交通費込みで数千円～1万円が相場だろう。「専門性の高いツールを業務で使っている人」「高級セダンに乗っている人」など特殊な層だとそれより高単価になる。そもそもそういう時間単価の高い人は、テスト参加者斡旋業者の会員にはあまりおらず苦労する、または時間がかかることを覚悟しておこう。また「カメラで映像を撮影します」「お使いのスマホを見せていただきます」「ご自身のアカウントでログインしていただきます」などプライバシーに関連することや、テスト参加者に実費負担（パケット通信量など）が発生するような事柄についてもこの段階で伝えておく必要がある。当日伝えて、了解してもらえないと困ったことになるからだ。

(4) 人数
　謝礼と同様に頭を悩ませるのは、一体何人で評価すればよいかである。諸説あるが正解はない。目的と予算次第なところもあるし、「何人以上でなければ無意味」ということはなく、たとえ一セッションだけからでも洞察は得られるものである。そういった問題発見型のミッションであれ

ば比較的少数（数名規模）からでも意味はある。経験則的には、数名いれば一応の傾向はつかめる。10名を超えたらだいたい同じ反応が増えて来て新情報が得られる効率は落ち始める。対象を複数のクラスタに分類して比較したい場合、2クラスタなら4：4で8名とか3クラスタなら3：3：3で9名というところだろう。それ以上なら一度にやるよりは、いったん明らかになった問題を改修してから改めて追加で評価したほうが合理的と言える。

一方、品質評価的なミッションで定量データを集めることが主目的であれば最初からより大きなデータ数が必要となるだろう。

一日に実施できるセッション数の限界もあわせて考える必要がある。セッションはテスト参加者の遅刻や機材トラブルで遅れたりするしモデレーターにも休息や振り返りの時間が必要なので、30分程度は間を空けてスケジュールする。そうすると一日にできるのはせいぜい数セッションといったところである。サラリーマンを対象にした場合は夕方以降でないとテスト参加者が集めづらかったりして毎晩2セッションずつ五日間、などという場合もある。日をまたぐと設営の手間などがかかることもあり、こうした事情でセッション数が決まることも多い。

いずれにせよある程度本格的に社外からテスト参加者を集める場合、最初はテスト参加者斡旋業者にお願いしてみるのが手軽でよいかも知れない。こんな質問でこんな回答の人を集めたいという要望を出せば、Webアンケートを作成し、会員にリンクを送り、候補者リストを返してくれる。その中から実際に呼びたい人を選ぶと、直接電話でアポイントをとってくれる、という流れだ。たいていは謝金額なども規定／オススメがあるので悩まなくてよい。

3.5.4 機材、準備

他にユーザビリティテストで事前に準備するものとしては、実施場所や機材の確保、記録や演出のためのツールの作成などがある。特に実施場所は前述のアンケート配信時でスケジュールも合わせて概ね決まっていなければならない。

(1) 実施環境

テスト参加者に普段どおりの姿勢でタスクに取り組んでもらい、忌憚（たん）の無いコメントを口にしてもらうためには、あまり大勢の開発者で圧迫面接のように取り囲んでしまうのは望ましくない。そこで考案されたのは、刑事ドラマの取調室のようなセッティング、つまりマジックミラー越しに観察することのできる部屋を併設したユーザビリティテスト用ラボである。一般にこうした施設では観察ルームから遠隔操作可能なカメラも備わっており、テスト参加者が製品を操作する手元にズームインするようなこともできる。

モデレーター以外の参加者（記録係、開発者、上役、発注クライアントなど）ができるだけその

存在感を消しつつ、テスト参加者の行動や発言を観察できるので有効である。しかし一部の大企業を除いてこうした施設を社内に所有することはコスト面で現実的ではなく、また借りるとしても絶対数が少なく費用も一般的な貸し会議室より高くなる。リアルタイムで改善策を議論したり、ステークホルダーを巻き込んで説得したりする場面で、こうしたライブ感は重要であるが、必ずしもそうした専用設備を利用しないでも、通常の会議室同士で映像中継することで十分である。最近ではスマートフォンを含めて画面を外部ディスプレイにミラーリングする機能がOSに備わっている。映像ケーブルであったりネットワークを用いるものだったりと方法は様々だが、そうした手段を用いて離れた別室のプロジェクター等に表示することで、マジックミラーの代わりにできる。特にソフトウェア主体のテストの場合、マジックミラー越しにテスト参加者の背中を見るよりも、ミラーされた画面を見るほうが有益である。ユーザビリティテストを実施する都度、高価な専門ラボを借りるより、多少の初期投資で機材をそろえ、社内の会議室を複数使って実施できる体制を整えるほうが合理的であろう。社内で実施できたほうが、関係者を見学に集めやすいのもメリットだ。ただし外部の施設を使ったほうが、どの企業が調査をしているのか気づかれにくく、よりニュートラルな意見を聞きやすいという優位性もある。特に自社製品と他社製品を比較検証するような場合、片側の企業の看板を掲げた場所で実施するのは、テスト参加者にとってバイアスがかかり公平な意見が聞けない可能性も高まる。もしあなたがA社から謝礼付きでA社本社の一室に呼び出され、A社とB社の製品について意見を求められたら、という場面を想像してみてほしい。

　テスト参加者、見学者双方にとってアクセスが良く、落ち着いて会話ができる部屋を確保できたら、次は室内レイアウトの検討である。前述のように原則としてテスト参加者とモデレーター以外の参加者は別室からモニタリングできることが望ましい。モデレーターすらタスク中には席を外すスタイルもある。モデレーターはテスト参加者の操作内容がよく見える隣に座る。録音や撮影の機材はなるべく存在を感じさせない位置に配置し、ケーブルに足をひっかけることのないよう取り回しや固定に配慮する。スマートフォンや音楽プレーヤーのような手持ちの製品のユーザビリティテストでは、テーブルの上にマスキングテープなどで四角形を描き、「この範囲で使ってください」などと言っておけばカメラの画角から外れにくくなる。また真上に照明があると画面に反射して内容が見えづらくなるので、そういった点も事前に確認しておく。

(2) 記録機材

　撮影は別室への中継のみならず、後で記録として見返す目的でも行う。事前に検討しておいた重点観察ポイントとは別に、途中で新たに気になる点が出てくるものだ。その時に、これまでのセッションではどうだったか、といったことを見返して確認できる。

記録方法には、大きくわけてカメラで撮影する方法と、ソフトウェア的に画面を動画データとして保存する方法がある。

　カメラで撮る方法のメリットは、指差しなどのテスト参加者の身体的挙動も含めて記録できる点である。会話の中で「ここが〜」などといって指さす箇所はソフトウェア記録では残らない。都度「マウスで指してください」と言ったり、モデレーターが「なるほど保存ボタンの部分ですね」などと声でフォローする必要がある。画質、光学倍率的には家庭用のビデオカメラで十分で、三脚に固定してテスト参加者の背後などから手元を撮る。リモコンやスマートフォンアプリでスタート／ストップを遠隔操作できるものや、撮っている映像をリアルタイムでWi-Fi中継できる機種も増えているので検討するとよい。ただしビデオカメラで画面を撮ると、基本的に参加者の背後から撮影する形になるため、カメラの標準内蔵マイクでは音声がはっきり録れないことが多い。できるだけ外部マイクを用いることが望ましい。後で何を言ってるのか聞き取れないビデオを延々見返すことほどストレスのたまる作業はない。事前にしっかりと録音状態のチェックをしておこう。

　また手持ち製品のユーザビリティテストでは、小型の書画カメラ（アームを使って上から卓上を撮るためのカメラ）を使うと、表示内容まで比較的鮮明に撮ることができる。

　一方ソフトウェア録画のメリットは、

- 画面が鮮明に記録できる
- 物理的なカメラが不要なため、撮影をテスト参加者に意識させない
- 先に書いたような画角や反射の心配が不要

等がある。総合的に見て簡便である。Windows、macOS、iOS、Androidなど主要なデスクトップ／モバイルOSの最近のバージョンには標準で最低限の記録機能／ツールが備わっている。また数千円も出せば、ユーザビリティテストに便利な付加機能を持った画面記録ソフトも手に入る。例えば、クリック箇所にマークを合成してくれるような機能があると、本来クリッカブルでない箇所を間違えてクリックした、といった様子も動画に残る。注意点としては録画自体の負荷がハードウェアに加わるため、処理性能に余裕を持っておかないと評価対象ソフトウェアの動作に支障が出たり不安定になったりする恐れがある点だ。事前に入念な動作検証を心がけたい。

　その他、記録ツールとしては、クリップボードに挟んだ記録用紙などに手書きでとる場合と、ノートPCで電子的に記録する場合がある。紙の場合、タスクや教示内容のような進行内容と、記録スペースを兼ねたシート（著者は進行シートと呼んでいる）を用いる。電子記録の場合は表計算ソフトなどに記入テンプレートを用意しておき書き込んでいく。どちらを使うかは好みの部分もあるが、手書きのほうがより自由で臨機応変な記録ができる。例えば参加者が意図せず誤

タッチした箇所を、さっとスケッチを入れて書き留めることができる。一方手書き記録は後の整理が大変というデメリットがある。あらかじめ書き留めたい事柄（成否や遂行時間など）が決まっている場合、電子記録のほうが後の集計作業などにつなげやすい。またクリップボードのほうがテスト参加者と目を合わせて会話をしやすく、音も静かなため、モデレーター向けだと言える。他方、別室の記録者は効率重視でPCを利用する、といった使い分けがよいだろう。いずれにせよ参加者のすべての発話や行動を書き留めるのは無理であり、無駄である。記録者は調査の目的をしっかりと把握し、どうした発話／行動が記録として有益か常にフィルタリングをしてから記録に残す必要がある。またこうした作業は負荷が高いため、理想を言えば進行役とは別に専任の記録者を用意することが望ましい。

　その他に準備が必要な小道具としては、より参加者がリラックスし、日常のパフォーマンスを発揮できるようにするためのすべてが含まれる。ユーザビリティテストで観察したいのは、ユーザーが本来の利用場所で、本来の状況の中で製品を利用する様子である。日常場面より緊張したり頑張ったり注意深くなったりしている状態でのパフォーマンスは、本来見たかったものより良かったり悪かったりするが、望ましいものとは言えない。実験室的状況を完全に除去できないとは言え、極力その努力をすることで調査の精度を高めることはできる。例えば、本来自分の住所を入力する場面で、テスト用のダミー情報を用いてもらうことがある。これをタスク教示の中で口頭でのみ伝えたとしたら、本来は存在しない記憶負荷が生じる。プリントして脇に置いておけば参加者は必要な時に参照でき、入力操作に集中できる。カメラ撮影を伴うタスクなどでは、なにか適切な被写体となるぬいぐるみやフィギュア、植木などが周りに置いてあると、参加者は自然にそれらにレンズを向けることができる。そういったものが何もないテーブルと椅子だけの"実験室"で壁や進行役にレンズを向けざるを得ないときの気まずさを想像してもらいたい。またリラックスのために適度な飲食物を提供することも有効である。ただし、バリボリと音がするものは避けるべきである。

3.5.5. タスク設計

　ユーザビリティテストにおけるタスクとは、テスト参加者に実行してもらう作業のことである。個々のタスクには、以下のことが含まれる。

1. タスク内容…実際に操作してもらいたい内容
2. 教示文…具体的な作業指示
3. 背景説明…よりリアリティが感じられる場面想定

4. 評価観点…検証に用いる指標、着目点

なお、実際に参加者に伝えるのは2と3のみとなる。

(1) タスク内容
　調査の目的が「ユーザー登録を迷わず完了できるかどうかを検証する」であれば、そのユーザー登録操作をタスク内容とするのが基本であるが、必ずしも調査目的＝タスク内容ではない。例えば「グローバルナビゲーションを使って画面遷移ができるか」が検証目的の場合、「グローバルナビゲーションを使って画面遷移してみてください」と直接指示するわけにはいかない。「会社案内のページを探してください」といった形に具体化する必要がある。参加者にどういう操作をしてもらえば、調査対象部分に触れてもらえるか、という視点で具体的な操作内容に落とし込んだものがタスク内容である。

(2) 教示文
　同様に、タスク内容をそのまま教示（指示として伝えること）すると問題になることもある。調査目的が「ユーザー登録を迷わず完了できるかどうかを検証する」であり、タスクを「ユーザー登録をしてもらう」とした場合でも、そのまま「ユーザー登録してみてください」と伝えるわけにはいかない。これだとユーザー登録が必要であること自体に気づけるかどうかを検証できないからである。教示文（伝え方）としては「この商品を注文してください」のように最終ゴールのみを伝え、その過程でユーザー登録も達成できるかを観察によって見守ることになるだろう。このように、真の目的を隠した教示が必要になることもあるため、必ずしもタスク＝教示とはならないのである。

(3) 背景説明
　広義には教示に含まれるが、あるタスクを実施するにあたって前提情報として参加者に伝える内容である。例えば「あなたは○○に興味があって検索したところ、こちらのサイトに辿り着きました」「友達から、このアプリは便利だから使ってみてといわれて、届いたURLを開いてみました」のような状況説明に関するものや、「あなたは夏休みの旅行で泊まる旅館をなるべく安く探したいと思っています」のようにさりげなく動機付けを操作するようなものなどがある。こうした情報を与えてからタスクに臨んでもらうことは、限られたテスト環境の中で、できる限り現実場面、日常場面に状況を近づけるために重要である。人の認知過程やパフォーマンスはその場の状況に非常に強く依存するため、本来の実使用場面で必要に迫られてタスクを遂行する時と、見知らぬ

部屋に呼び出されて見知らぬ人から言われて報酬をもらってそれを行う時とでは、やり方も急ぎ方もどこで諦めるかの判断もすべて異なる。これはユーザビリティテストの限界でもあるが、少しでも実使用場面に近づけるために、言葉で説明を行う工夫がこの背景説明と言える。参加者が実使用場面に置かれているとイメージできるようなものを検討したい。

(4) 評価観点

それぞれのタスクをどう評価するかについても併せて決めておく必要がある。「定量指標（達成率、達成時間など）で○○以下となれば良しとする」「規約に同意するチェックに気づかずに次へ進もうとする人がどれくらいいるか」「タスク後に難しかった点を尋ねてどんな指摘が出るか」など定量的、ないし定性的な指標で測定するが、それぞれで様々な観点を取り得る。それぞれのタスクでなにが重要かは異なってくる。例えばユーザー登録フォームは多少冗長で時間がかかっても途中離脱されないことが最も重要と考えるならば、指標は達成率で測ることになる。「（こういう場でなければ）ここで止めてると思う」といったコメントが出ないかが焦点のひとつとなるだろう。タスク毎に、時間が長くかかること、途中で離脱されること、間違えてデータを消去してしまうこと、など何がもっとも致命的かを検討し、それを測る観点を選択するとよい。

そして参加者毎にタスク遂行時間は大きく変動する。そのため、同じ60分、90分といった拘束時間内であってもできるタスク数も異なる。せっかく報酬を払って来てもらうのだからその時間を最大限有効に使うために、時間が余った時の予備タスクや、時間が足りない時に省略してもよいタスクなどを決めておくとよい。

表3-6 タスクと教示の違い

	例	説明
検証したい仮説	ナビゲーションメニューが迷わず使えるか？	ユーザビリティテストを通じて得たい事実、知見。知りたいこと。
タスク	「ナビゲーションメニューを通じてページ移動してもらう」	テスト参加者に行ってもらう操作内容。設定されたゴールまでの所要時間や達成率を通じてユーザビリティを評価する。
教示	「あなたは明日この会社を訪問する予定があります。道順を確認するための案内ページを探してみてください」	タスクをテスト参加者に説明する文面。具体的な目的やシナリオが付随。タスクの真のゴールと一致しない場合もある。

タスクには一般的にゴールを設ける。達成判定や時間計測に必要だからである。目的次第で、「目的のページが表示された」という事実をもって達成とすることもあれば、テスト参加者が「できた」と感じた時点を対象とすることもある。後者ではテスト参加者がそう思っても、実は未達

成かも知れないし、達成しているのにそれに気づけていないというケースもあり、何を検証したいかによって判定基準をしっかり決めておく。またこの例のように真のタスクゴールと、テスト参加者に与えられる表向きの教示とは異なる場合もある。ナビゲーションメニューを利用すること自体はユーザーにとって目的ではなく手段である。それをそのまま「使ってください」では状況として不自然である上に、答えそのものになってしまうこともある。そのため、教示では表向きのカバーストーリーを用意し、直接的な誘導とならないよう仕向ける必要がある。タスク設計ではこの3つのレイヤーをきちんと切り分けて検討するとよいだろう。

　一般に一度のセッションで1つあるいは複数のタスクをテスト参加者にやってもらう。テスト参加者によって達成時間が大きく変わる場合もあるので、いくつのタスクを用意するかは常に悩ましい問題である。ときにはテスト参加者の遅刻や録画機材のトラブルなどでセッションが所定の時間より短くなることもある。単にもっとも長くかかる想定にあわせて余裕を持たせるだけだと、早く終わってしまった時に時間がもったいない。一定の拘束時間、謝礼の中で最大の知見を得るためには、複数のタスクを用意し、それに優先度をつけておくとよい。「時間が余ったときに行うタスク」「時間がなくなったら省略してもよいタスク」を決めておくのだ。一般的にはセッションの流れも実使用場面に沿った自然なものになっていることが望ましい。例えば、商品検索よりも注文画面のタスクが先に来ているのは不自然である。ただし可能なら、比較的簡単なタスクが冒頭にあるとよい。テスト参加者は不慣れな場所に来て、どんなことをするのか不安に感じている。まずは接待タスクとでもいうべき簡単なもので成功経験を味わってもらい、そこから徐々に難易度を上げていくのは有効である。

　タスクの評価は定量的な測定と定性的な観察によって行う。定量評価の尺度として一般的なものとして達成率（何人中何人がタスクを達成できたか）、達成時間などがある。タスク全体の達成だけでなく、例えば「登録フォーム中の規約同意チェックボックスに気づいてチェックを入れられたか」のような詳細な要件をカウントすることもある。「だいたいみんなできていた」と主観で括るのではなく、しっかりと数字で捉えることが大切である。ただしサンプルサイズが少ない場合が多いので、難しい統計処理を必要とすることも少ない。まずはカウントと、時間ならば平均値を見るくらいでよいだろう。その際、「できた」とする条件や時間計測のスタート／ストップの基準は明確にしておく必要がある。テスト参加者が「できた！」といった瞬間が基準でよいのか、観察者からみて所定の基準を満たした瞬間とするのか（どちらが先に来るかはわからない）。ECサイト等でテスト環境が用意できなくて実際に発注がかかってしまうと問題になる場合は、最後のボタンを押す直前に進行役が「はい、そこまでで結構です」と止める方式とすることもある。

3.5.6 進行シート作成

(1) 進行シートのメリット

　タスクが決まり、セッションの全体構成が出来上がったらそれを記録した「進行シート」と呼ばれるドキュメントを作成する。

　図3-3は、セッション中にモデレーターが意識しなければならないことを列挙したものである。

図3-3 モデレーターが留意すべき点

　モデレーター役は本番中に様々なことを気に掛けなければならない。対象製品が勝手に再起動した、ネットワークがつながらない！などトラブルで中断した時、どこまで進んだかわからなくなることもある。そんな時に進行手順が時系列に一覧されていると心強い。また進行役が交代したり、複数の進行役で複数のセッションを同時進行したりする際に、手順書としてまとまっていれば首尾一貫したユーザビリティテストを行うことができる。逆に慣れてくると会話の展開にあわせてタスクの順序を入れ替えるといったテクニックも使うようになるが、そういう場合でも、どこを飛ばしたかの拠り所として機能する。なお著者はこれを単なる進行表としてだけでなく、記録用紙としても使うべく、タスク毎に大きく余白をとったレイアウトを心がけている（図3-4）。

これをクリップボードに留めて使えば、テスト参加者と自然に向き合いながら記録しやすい。途中のチェックボックスは前項で例にだした「登録フォーム中の規約同意チェックボックスに気づいてチェックを入れられたか」のような具体的かつ細かいチェックポイントである。事前に懸念として上がったものはこうしてチェックひとつで済むようにしておけば、より観察に集中しやすくなり、テスト参加者の行動を見落としてしまうリスクを減らすことができる。

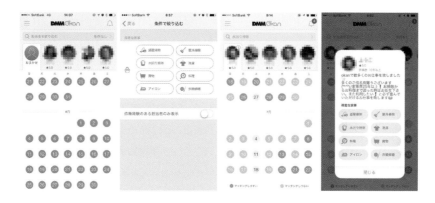

図3-4 進行表

(2) 教示文のデザイン

　タスクをテスト参加者に伝える文章を「教示文」と呼ぶ。慣れないうちはそのまま読み上げられる形で文章にしておくとよい。ただし調査目的＝タスクではないように、タスク内容＝教示文にすればよいというものでもない。まず前にも述べたように画面上のボタンの種類などを示唆してしまうような言葉は禁句である。例えば「保存」ボタンを押してファイルを閉じるタスクでは、「ファイルを"保存"してください」とは言わず「ここで作業を中断したいのですが、変更内容が消えないことを確認してからファイルを閉じてください」などと「保存」という言葉を避けた教示にする必要がある。送信、決定、注文など目的を表した言葉をボタンにすることが多いので、教示では上手くこれを避けて指示しなければならない。

　またボタンなど個々のユーザーインタフェース要素の理解だけでなく、目的を遂行するためのステップやサイトのサービス内容を理解できるかを検証したい場合、それも教示には含めないように気を配らなければならない。「ユーザー登録してみてください」という教示はユーザー登録が必要であることを教えてしまうことに等しい。こういう場合はなるべく先入観を与えないよう、「しばらく自由に眺めてみてください」といったところから始める手もある（自由探索タスク）。そこでテスト参加者がどういう行動を取るかを観察した後、「どんなことができそうですか？」「だいたいどんな手順でそれができそうですか？」などと探りを入れるのである。さらに自発的にユーザー登録し始めてくれればよいのだが、ユーザビリティテストの場で、調査者が用意した機器を使ってタスクを行っている際に自分の個人情報を入力することは稀である。したがって、時間を区切り（必要ならサイトの概要も説明した上で）別タスクとして登録に進んでもらい、その際には「もしメールアドレスが必要なら今日はこちらをご自分のものとしてお使いください」とダミー情報を提示したりして段階的に最低限の誘導を行う。合間合間でどう感じたかを聞き取ったり、事後に「ユーザー登録が必要だということは、いつ、どこを見て気づきましたか？」などと確認したりするとなおよい。

　テスト参加者は「自分は、見知らぬ場所に呼び出され、指定された操作をやらされている。これを上手く終えれば謝礼がもらえるんだ」という特殊な意識でいる。ユーザビリティテストとして、ある知識や能力を持ったテスト参加者群が純粋にタスクをできるかできないかを測りたい場合、そうした心構えはあまり関係ないようにも思えるかも知れないが、心理学的に言えば、知識や能力の発揮には文脈が大いに影響することがわかっている。教室で習った知識が実社会でなかなか発揮できないように、製品の実使用場面とテストルームという異なる状況では人の認知能力も良かれ悪しかれ変化する。少しでも実使用場面のそれに近づけるために、教示は具体的でリアリティのある"状況"を想起させるものにする。例えば「12月23日に京都市内で泊まれるもっとも安いホテルを探してください」とするよりは、「週末友達と京都旅行に行きたいと思います。

あなたはホテルの手配を担当することになりました。皆からはなるべく安いところにして浮いた分で湯豆腐食べようね、などと言われています」という前段から始めるといった具合である。前者のほうがテスト参加者によって理解にブレがなくノイズも少なくて公正なデータが取れるような気がするかも知れないが、果たして自分が取りたいのはどちらであるか考えてみてほしい。

COLUMN

ヒトの認知特性〜選択的注意

　人間は、特定の刺激情報を選択的に知覚するという特性を持っている。典型的な現象としてよく語られるのはカクテルパーティ効果である。大勢の人が集まり、あちこちでたくさんの会話が飛び交う騒々しい場所にいたとしよう。その騒々しさの中でも、自分の名前や自分の強い関心事が話題にのぼったときにはそれを聞き取ることができてしまう。読者の皆さんも一度は経験したことがあるのではないだろうか。

　ユーザビリティテストという文脈にこれを当てはめると、モデレーターは、評価対象の一部に対して選択的にテスト参加者の注意が向くように仕向けることも可能ということになる。

　たとえばタスク終了後、グラフィックデザインに対する意見を聞いておきたいと思ったときに、「色などの見た目についてはどう思いますか?」と質問したとする。「色」に選択的注意を向けたいという意図があるなら、この問い方で問題ない。しかし、色に限定せず、見た目全般に対する意見を求めるのが狙いなら「色などの」という前置きは不要である。

　逆に、限られた時間の中で効率よく意見を拾っていきたいというとき、焦点をあてたい話題が限定的な場合には、あえてその話題に選択的注意を向けるよう問いを発することもできる。先の例で言えば、「色づかいについてはどう思いますか?」と「色づかい」に的を絞ってしまうのだ。「色などの見た目」のように幅を持たせた聞き方をすれば、テスト参加者は色以外の部分についても考えてよいと判断してしまうかもしれない。それによるロスタイムを防ぐためには「色づかいについて」と限定的な問いを投げかけることになる。

　文言の選び方ひとつでテスト参加者の反応が変わり得ることをモデレーターは知っておく必要がある。

(3) 背景説明、事前情報の与え方

教示文の中に、製品に関する事前情報をどこまで入れるべきだろうか？ また教示が曖昧でテスト参加者から質問し返されてしまった時にどこまで教えてよいのだろう？ これはケースバイケースではあるが、考え方はシンプルで、「本来ユーザーがその時点で得ているであろう情報は与える」でよい。一般にその製品に触れる人が事前にCMや広告バナー、店頭などで仕入れているであろうと思われる知識については、むしろ教えた状態でやってもらうほうが精度の高いデータが得られると考えられる。まったく初めて見るサイトでも、なんの予備知識もなく訪れることは考えにくい。「友達から写真を簡単に共有できるサービスだよとリンクが送られてきてアクセスしてみました」「バナー広告で経費精算の手間が省けると書かれていて気になってクリックしてみました」など、十分あり得る状況を仮定して、そこに含まれる情報であればヒントになる情報であっても含めたほうが自然である。

(4) 進行上必要な指示

極力、自然な利用場面を再現することがユーザビリティテスト成功の肝ではあるが、手続き上、ユーザビリティテスト固有の指示を伝えなければならない部分もある。例えば達成時間を厳密に計りたい時には、「私が"どうぞ"と言ってから始めてください」とか、「できたと思ったら教えてください」といった約束事を伝える必要がある。

前出の思考発話法を求める場合の説明もこれに含まれる。ただし繰り返しになるが、思考を整理して人に伝えるということ自体が、普段あまり行わないことであり、また認知的負荷の高い行為なので、達成率や達成時間はおろか思考過程そのものに大きな影響を与える諸刃の剣であることを意識しておく必要がある。こうした思考内容の発話（内省報告）はタスクが終わってから改めて聞く回顧法という手段もあるので、上手く使い分けてほしい。

表3-7 発話思考法と回顧法

	メリット	デメリット
思考発話法	思考内容をその場で把握できる	負担で本来のパフォーマンスより落ちたり、逆に人に説明しようと深く思考することで本来できなかったことができてしまったりすることもある
回顧法	時間計測や作業負荷に対する影響が小さい	後付けの説明になりがちで、やや信頼性が落ちる。特にできなかった理由の説明はその傾向が強くなる

現実的な落としどころとしては、

・徹頭徹尾、思考を発話し続けてもらうことまでは求めない
・手が止まった時に「どうしました？」「なにか探していますか？」など軽い探りを入れる

> **COLUMN**
>
> ### ヒトの認知特性〜記憶
>
> 　ヒトの記憶は頼りにならないことのほうが多い。ヒトの脳の情報処理容量には限界があるからだ。
>
> 　テスト参加者は、ついさっきの自分の行動や思考を確実に思い出せるわけではない。タスクを一通り終えてから「あのときはどうして…」と理由を聞き出そうとしても、そもそもそのような行動を取ったこと自体を覚えていないかもしれない。覚える必要のないことは忘れて、情報処理容量を節約しようとするのがヒトの脳だからだ。行動の裏にある意図や理由や想いなど、観察するだけでは確認のしにくい事柄はテスト参加者に聞くしかない。先延ばしせず、そのときその場で聞くのが一番だが、時間計測をしていたり、その場で聞くことで次のタスクへの影響が懸念されたりする場合には、後で聞くしかない。どちらをとるかはテストの目的次第だが、後から思い出して語ってもらう必要がある場合には、操作の様子を録画したものを見ながら質問をするなど、ユーザーが記憶を辿る支援の準備を検討しよう。

といった辺りであろう。思考発話に頼らず、できる限り観察によってテスト参加者の迷いや誤解を読み取れるようにスキルを磨こう。

　思考を声に出しながら取り組んだり、「完遂したかどうか判断して伝える」という行為も「自然な利用場面の再現」とは馴染まない要求である。どうしたらユーザーが実際の利用状況において行うであろう流れやパフォーマンスを損ねずに観察できるかを念頭において計画してほしい。

3.5.7 実査の流れ

　様々な準備を経てついに迎える実査当日の流れを見ていこう。一般的なユーザビリティテストセッションの流れは以下のようになる。

　　（1）テスト参加者迎え入れ
　　（2）挨拶、主旨説明、事務手続き
　　（3）事前アスキング
　　（4）タスク
　　（5）事後アスキング

（6）謝礼のお渡し、テスト参加者退室
　　（7）次セッションに備えプロダクト初期化

順を追って説明したい。

（1）テスト参加者迎え入れ
　見知らぬ会場で、何をするのか、させられるのかもよくわからず、不安を抱いて来場するテスト参加者の緊張をほぐすベストなお出迎えをしたい。製品や撮影機材のコードが床に散乱していたり、使ってもらう端末の画面にベタベタに指紋が残っていたりしないだろうか？ 暑い中、寒い中、あるいは雨の中わざわざやってきてくれた方をねぎらい、一息ついてもらうために適切な温度の水やお茶もお出ししよう。手荷物は安心して手元に置いておけるようすぐ脇に置き場所を確保しておく。来客の入門チェックがある企業の場合、あまり手間をかけさせずスムーズに手続きできるようにしておく。ともかくまずは第一印象で失敗しないよう念入りに準備しておきたい。テスト参加者に緊張を移してしまうことのないよう、モデレーター自らがリラックスしてその場に臨むことも大切だ。
　また遅刻したり、道に迷ったりして連絡が入る場合もあるので、常にそれを受けられる態勢にしておくことも重要である。

（2）挨拶、主旨説明、事務手続き
　先にも述べたとおり、ユーザビリティテストは、ユーザビリティテストであることをテスト参加者に意識させずにタスクに臨んでもらうことが重要である。謝礼が出るからといつもより頑張ったり、短時間でタスクを終えることを目標に取り組んでもらったりした結果にはあまり意味はない。普段どおりにやってもらい、できなければ普段どおりにギブアップし、普段どおりに批評をしてもらうことが理想だ。そうしてもらうためにテスト参加者の緊張をほぐし、感じたことを忌憚なく率直に口にしてもらえるような場作りをすることは非常に重要である。こうした二者が互いを信頼し合い、気兼ねなく、心を開いて語りあえる関係のことを「ラポール」と言い、そうした関係を作ることを「ラポールの形成」ないしは「ラポールの構築」と言う。モデレーターは、テスト参加者が気持ちよくユーザビリティテストに参加し、「来て良かった」「楽しかった」「ぜひまた協力したい」と思って帰ってもらえるよう、終始適切なラポールの形成と維持を意識しなければならない。
　3.5.6項に挙げたモデレーターの負担を描いたイラストと対になる、テスト参加者の感じる負担を示した図3-5を載せておく。

テスト参加者にのしかかる不安と負担
モデーレーターはなにをしてあげられる？

図3-5 テスト参加者の不安や負担

　これらを少しでも軽減するのに重要なことは、礼儀正しく接し、ユーザビリティテストの主旨を正しく伝えることである。著者らはよく「ユーザビリティテストとかユーザーテストとかというと、なにやらあなた自身が"テスト"されるように聞こえますがそうではありません。こちらの製品をユーザーさんにテストしていただく場なのです」というフレーズを使う。ユーザビリティテストの目的が、ユーザーの能力をテストすることではないことを冒頭でしっかりと伝えるのだ。ユーザビリティテストに初めて参加するテスト参加者は「謝礼をもらうのだから普段より上手く／正しく／早く操作しなくては…」とか「機械音痴な私でちゃんと役に立てるのかしら…」と不安を抱いて来ている。「まさに、そんなあなたにとっても使いやすい製品にしたいので、率直なご意見を伺いたいのです」ということをしつこいくらいに伝えよう。著者は、受託でユーザビリティテストを実施するという立場を活用して「これは私自身が作っているものではないので、何を言われても怒ったり落ち込んだりすることはありません」といったことを強調したりする。また「普段どおりに、自分のものだと思って」といった念押しも重要だ。でなければ「どうしてここを押さなかったのですか？」と聞いても「自分のモノではないので壊れたら申し訳ないと思って…」などと言われてしま

> **COLUMN**
>
> ## ヒトの認知特性〜認知的不協和
>
> 　アメリカの心理学者フェスティンガー（Festinger, L.）によって提唱された理論で、わかりやすい例としてイソップ物語の『キツネとすっぱい葡萄』が挙げられる。自分の力不足を目の当たりにしたとき、あるいは期待されたとおりの行動を取れなかったとき、ヒトはなかなかそれを認めることができない。葡萄を手にすることができなかったキツネが「あれはすっぱい葡萄だから手に入れるに値しない」と逃げ口上を言ったように。
>
> 　ユーザビリティテストでは、タスクを思うように達成できなかったとき、テスト参加者の心の中にそれを認めたくないという感情が顔を出すことがある。もっと時間があればできたはず、このボタンがこちら側にあれば、ボタンの色がもっと目立っていればすぐに気がついたはず、とその場で思いつく限りの"言い訳"が並べられる可能性がある。そうした言い訳は、認知的不協和を回避しようとするがゆえの取り繕いである場合も考えられるため、鵜呑みにするのは好ましくない。タスクの最中に観られた行動と照らし合わせて検証したうえで分析へ繋げるべきである。
>
> 　タスクの後で、誤操作の原因や勘違いの理由を質問する場合にも、テスト参加者の認知的不協和を誘発しないような配慮が必要だ。たとえば「お気づきだと思いますが…」や「ご存知かもしれませんが…」のような前置きは余計である。そのように前置きをされたテスト参加者は、「気づかなかったとは言いにくい…」、「知っていて当然の知識なのかもしれない…」と思ってしまうかもしれない。そうした認知的不協和が強くなった場合、テスト参加者は「気づかなかったのに気づいたことにする」「知らないのに知っているふりをする」といった回避行動を取る可能性がある。そうした歪んだデータを生む可能性はできるだけ排除するのが望ましいのは言うまでもないだろう。

うかも知れない。

　テスト参加者からの質問に対して、モデレーターが答えられない場合もあるということを冒頭で伝えておきたい。タスクの途中で迷いが生じれば、テスト参加者は立ち止まり、自分が取ろうとしている行動に間違いがないかどうか、間違える前に確認したいと考えるのはいかにも自然な振る舞いである。しかし、その問いにあっさりと答えてしまってはテスト参加者の行動を誘導したこととなり、ユーザビリティテストの趣旨に反する。自宅にて一人で操作をしているものと想像しながらタスクに臨んでもらうようお願いしておこう。

事務手続きには、例えば未発表の製品やプロトタイプを見せる際の守秘義務契約書類やアンケート回答データや録画録音データに関係して個人情報保護法絡みの覚え書きなどのやりとりがある。法務担当者との調整次第であるが、これもなるべく威圧的にならないよう最低限に留めたい。録画や録音については、どういう範囲が記録されるのか（顔が映るのかなど）を明示しておくとテスト参加者も安心できるだろう。

(3) 事前アスキング
　ここではタスクに先だって、年齢や性別などの基本事項の確認や関連製品の利用実態などを聞き取る。募集時のアンケートで記入してもらったことと齟齬がないかどうかの確認の意味もある。対象製品や同カテゴリーの製品について、その時点で持っているイメージを聞いておき、タスク後の印象と比較してみるのもよい。
　引き続きテスト参加者をリラックスさせる意味合いも含め、多少雑談めいた会話もする。これをアイスブレイキングとも呼ぶ。例えばその製品（ジャンル）にまつわる困り事や印象に残っているエピソードを聞いたりしておくのも有益である。

(4) タスク
　あらかじめ組んだタスクに沿って、順に教示を行い、テスト参加者に操作を行ってもらう。しかし予定どおりにいかないのがユーザビリティテストの常である。時間が足りない／余った、プロトタイプがエラーで動かなくなった、ビデオカメラの残量がなくなった、前のセッションのログイン情報が残っていた、既読リンクで答えが丸わかりだった、などなど挙げれば切りがない。テスト参加者に動揺が伝播しないよう冷静に対応するのみである。まずトラブルがテスト参加者の操作のせいではないことを伝える。そして、残り時間でどこを優先して実施するのが一番有益かで取捨選択しよう。
　トラブルの有無に関わらず、タスク中はテスト参加者が気分良く自然体で取り組めるよう配慮を欠かしてはならない。そしてテスト参加者の意見に耳を傾け熱心に記録をとる姿勢を見せる。テスト参加者は、時として的外れなことやまったく関係のないエピソードを延々と語り出すこともあるが、丁寧に相づちをうちつつ、本筋に戻していくのも進行役の大切なスキルのひとつだ。

(5) 事後アスキング
　ここではタスクを終えてみての感想を聞いたり、満足度などを点数付けしてもらう。具体的な質問よりも、まずは「いかがでしたか？」といったオープンクエスチョンから入る。オープンクエスチョンで自発的に触れた点はもっとも強く印象に残った情報を含んでいるからだ。そこから徐々

> **COLUMN**
>
> ## ヒトの認知特性〜確証バイアス
>
> 　人間は自分が持っている仮説や信念を検証しようとするときに、それを支持する情報を集めようとして、反証となる情報を無視したり、見ようとしなかったりする傾向を持っている。1960年代にイギリスの認知心理学者ウェイソン（Wason, P.）が提唱したもので、彼はこれを「確証バイアス」と名付けた。根拠となった実験については「246課題」で調べてみてもらいたい。
>
> 　タスクを設計するときやモデレーターとしてユーザビリティテストに臨むときには、自分に確証バイアスが働く可能性があるということを念頭に置き、常に中立の立場でユーザーの言動を捉え、問いを発するよう意識しなければならない。ユーザーインタフェースをこう改善すればもっと使いやすくなるはずだ。そんな仮説を持った場合、その案に賛同してもらうための問い方を選びやすくなっている自分の頭の中を自覚できるかどうかが重要だ。ユーザーインタフェースの改善方法は一つとは限らない。それを忘れてはいないだろうか？　ユーザーインタフェースの一部を変更することが他の部分に及ぼす影響も考える必要がある。自分の仮説に固執するあまり見えなくなっているもの、考えられなくなっていることがないかどうかを常に意識するようにしよう。
>
> 　評価対象の開発やデザインに直接関わっている人がモデレーターを担うのが好まれないのは、こうしたヒトの認知特性が背景にある。自分の手や頭を使って生み出したものは愛おしいに違いない。それゆえに一層、それを擁護するタスクや問いに意識が向きやすくなってしまうことが懸念されるからだ。確証バイアスという認知特性を自らが持っていることを自覚し、対処する自信があればその限りではない。

に観察していて気になった点や事前に懸念していた点について「さきほど○○をクリックしていましたがどうしてですか？」「ここは押されませんでしたが目には留まっていましたか？」などと深掘りしていく。先に出た回顧法である。回顧法の弱点は精度であると述べたが、実際によく憶えていなかったり、ちょっとプライドの高いテスト参加者だとやや言い分けがましい後付けの説明をしたりといったことがある。言葉どおりに受け取らず、その確度を見極めよう。またテスト実施からなるべく時間を置かないようにするため、最後にまとめて事後アスキングを行うのではなく、個別のタスク毎にアスキングを組み込む方法もある。

　ここで「今日試してみて実際お金を払って使いたいと思いましたか？」と利用意向を聞いたり、

マーケティング調査でやるようなスコアリング（例えば「友人知人にどの程度すすめたいですか？」という観点で点数をつけてもらうネット・プロモーター・スコア（NPS）など）を実施する場合もある。ただし、この集計結果をもって「○人中○人が買いたいと言ってくれました！大丈夫です」と判断するのは性急である。繰り返し述べているように、どれだけ「忌憚なく」と言われていようが、面と向かって「いやこれでは誰も買わないでしょう？ お金をもらっても御免ですよ」とは言いづらい。結果としての数値の多寡ではなく、どうして彼らがそういう評価を下したのか、深掘りのきっかけとして活用するのが望ましい。「どうしてそう思ったのですか？」「満点ではなく少しだけ下がっている理由を教えてください」といった具合である。

(6) 謝礼のお渡し、テスト参加者退室

　予定どおりのタスク、アスキングを終えたら謝礼を渡し（必要なら領収書にサインをもらうなどして）、出口へと案内する。傘や荷物などを忘れがちなので気を配っておこう。「こんなのでお役に立てたかしら…」と言われたら「もちろんです」とすかさず同意し、「上手くできなくてごめんなさい」と言われたら、しっかりと否定して、謝意を伝える。またどこかでテスト参加者になってくれることを願って。

(7) 次セッションに備え、プロダクトを初期化

　セッションが終わったあと、休憩や議論に気を取られて忘れがちなのは、プロダクトの初期化作業だ。初期化といってもシステム全体を真っさらにするという意味ではなく、ログアウトをしたり、ブラウザの履歴、かな漢字変換の予測変換辞書などをリセットする、アプリをアンインストールしたり再インストールするといったものだ。前のセッションでクリックした箇所が既読リンク色になっていたら台無しである。セッション毎にしなければならない初期化作業をリスト化して、忘れずに行うようにしたい。

　以上の流れを本番でスムーズに進行させるため、あらかじめ役割分担をし、練習（パイロットテスト）を実施しておくことが望ましい。

(8) 役割分担

　ユーザビリティテストを進める上での役割分担を改めてまとめておく。

・モデレーター（進行役）

　もっとも重要な役割。テスト参加者と直接対話をし、タスクの内容を伝えたり、コメントを引き出したりする。

・記録係
テスト参加者のとった行動や口にした言葉（発話）を記録する。ビデオカメラで撮っているじゃないかと思われそうだが、ミッションに応じた重要な事象をその場で取捨選択できるのが人間の強みである。後でビデオを見返す手間に比べると、リアルタイムで重要事項を書き留めておくほうが合理的である。

・タイムキーパー
時間内にすべてのタスクやアスキングを完了させるべく、セッション進行の時間管理を行う。必要に応じてモデレーターに合図を出す。テスト参加者に気づかれずに別室からモデレーターに合図を送る手段としては、トランシーバー（モデレーターはイヤホンを目立たないように装着する）、メッセンジャーアプリなどがある。

・観察係
セッションの遂行に積極的には関わらないその他の参加者。具体的な作業担当がない分、テスト参加者の観察に集中する。

・アテンド係
外部から来訪するテスト参加者をテストルームまで案内する。セキュリティゲートを通過する補助をしたり、遅刻したテスト参加者と電話連絡をしたり、セッション前後の事務手続き（同意書や領収書にサインをもらったり、謝礼を手渡したりなど）を担う。

　小規模なユーザビリティテストではこれを一人で全部行う場合もあるが、それがいかに大変かは想像に難くないだろう。テスト参加者の行動や発話を注意深く見聞きし、重要なものを選別して書き留めるだけでなく、ラポール形成のための様々な気遣いをし、時間どおりにすべてが遂行できるよう時間配分を考える必要もある。時として次のテスト参加者が「道がよくわからないんですけど」と電話をかけてくることもある。可能な限り複数人で分担して臨めるよう検討したい。

(9) パイロットテスト
　練習という位置づけで予備的に行うセッションのことで、プリテストと呼んだりもする。全体の流れに問題がないか、時間に過不足はないか、製品や機材は正常に機能するか、といった様々な観点で最終調整を行うのが目的である。「やってみたら全然時間が足りなかった」「マイクが声

をきちんと拾えていなかった」「ブラウザの履歴クリアを忘れていて答えが丸わかりだった」など、やってみると何かしら問題点が見つかるので是非行ってほしい。

　テスト参加者を余計に手配するのは費用もかかるので、社内の別部署の人につきあってもらってもよい。逆になにか問題があった場合に、追加セッションを行う準備だけをしておいてぶっつけ本番でやってしまうという考え方もあるが、その場合、初日の第一セッションと第二セッションの間に通常より長めのインターバルを挟んでおくとよい。なにかあった時に対処する時間がとれるからだ。

3.5.8 集計、分析

　小規模で問題点発見の糸口を見つける目的のユーザビリティテストならば、「分析」というほどの手間をかけた後工程を経ず、セッション中の気づきを元に開発へのフィードバックとすることもある。しかし、ユーザーの認知や嗜好は様々であり、少ないサンプルサイズ（セッション数）でのタスク成績やコメント内容が本当に一般化できるものであるか、なにか特殊な事情が働いていなかったか（モデレーターがうっかり口にした言葉が誘導になってしまった場合や、たまたまそのテスト参加者が特殊な例だったときなど）を考慮しておくことが望ましい。少なくとも「なぜできたのか／できなかったのか」を定性的に見つめ直す時間を持つとよいだろう。例えばセッションの合間や一日の終わりに、見学者とモデレーターでそうしたラップアップの時間を持つと、記憶も新鮮なうちに精度の高い議論を行うことができる。

　またある程度サンプルサイズが多いデータを集められた場合、そういった個々の変動要因はある程度無視できるが、人はあまり多くのセッションの出来事を正確に公正に印象に留めることができない。心理学では初頭効果や親近性効果、ハロー効果といった現象が明らかにされており、それぞれ、最初の印象／最新の印象／際だった印象に引きずられて印象を持ってしまうことがわかっている。たまたま10人に1人がスムーズにタスクを達成したのを「確かにできない人もいたけど、予想外にできてしまった人がいて驚きました！」とまとめてしまう。こうした主観の限界を乗り越える（客観性を担保する）ためには、ひとつには前述のとおり見学者を含む複数人の目でまとめる方法がある。また定量的な指標を用いた検証も有効である。ユーザビリティテストでの一般的な分析指標として以下のようなものがある。

(1) 達成率と達成度

　ここではテスト参加者全員を通じて何割の人が達成できたかを「達成率」、あるテスト参加者がタスクの完全達成に対しどこまで到達できたかを「達成度」と定義する。ユーザビリティの3要素、有効さ・効率・満足度のうちの有効さを測定する尺度であり、最もわかりやすい結果と言え

る。ただし「できた」「できなかった」の二値のみで振り分けてしまうより「なんの迷いもなくできた」「少し迷ったり間違えたりしつつもできた」「少しヒントを与えたらできた」「できなかった」など達成度（合い）として捉えたほうが、そこからの気づきを得やすい。「できなかった」についても、時間切れなのか、テスト参加者自らがギブアップをしたのか、あるいは決定的なヒントの教示がなされたからなのかなど、「未達成」判定の根拠をしっかりと捉えたい。

　また、主観的な達成（本人が「できた」と感じた）と、客観的な達成（実際に抜け漏れなく達成できているか）は必ずしも一致しない。どちらを用いるかは目的次第だが、前者の場合、テスト参加者に「達成した」と思った時点で報告をしてもらうような教示をしておく必要がある。

　複雑なシステムでは達成に至る道筋が複数ある場合もある。意図していなかった経路で達成してしまった場合、「達成」判定とするのか、本来の経路を用いるよう誘導するのかなどは事前に決めておくとよい。こうした事前の申し合わせがあっても、いざユーザビリティテストを実施してみると判定に迷うことは少なくない。関係者でラップアップをする際には、各タスクの判定基準と判定結果をすり合わせておくことも重要だ。

　いずれにせよ、サンプルサイズが少ない調査では、この指標のみをもって結果とせず、なぜできなかったか、どこで迷っていたかという定性的分析も合わせて行うことを心がけたい。

(2) 達成時間

　タスクを達成するのに要した時間を計測する。ユーザビリティの3要素で言えば効率を測定する指標と言える。結果的に達成できたとしても、途中で迷ったり間違えたり理解に時間が要したりして時間がかかってしまうということはユーザビリティ的に望ましくない。大抵のユーザーがどの位の時間で操作を完遂できるのかを把握することは有益であり、他社製品や新旧バージョンでの比較においても、達成率や達成度より精度の高い尺度となる。

　人間の行動は揺れ幅が大きく環境要因にも左右されやすいので、コンマ何秒といった精度で計測する必要はない。しかしながら、計測のスタート／ストップの基準などはセッション間で統一できるよう定めておこう。例えば、スタートはモデレーターが「お願いします」といった瞬間、ストップはテスト参加者が「できました」と発話した瞬間（主観的達成）や達成確定となるボタンが押された瞬間（客観的達成）などといった形である。またタスク途中でモデレーターがコメントを求めたりすると遂行を止めてしまうことになるし、思考発話法を求めた場合も影響が出る。そうした本来の利用場面では起きえない介入をどれだけ排除すべきかも事前に決めておくようにしたい。より純粋な形で達成時間をとりたければ、質問は後回し（回顧法）にするし、それよりもリアルタイムの思考内容に関心が高ければ、達成時間の精度は妥協することになる。どちらが正しいということではなく、介入の有無を区別して捉えることが重要である。

(3)操作ステップ数

所要時間の許容度が高い製品やタスク、例えばシニアがスマートフォンアプリを使ってメッセージを送るような場面では達成時間に代わる効率指標として達成に要した操作ステップ数（打鍵数、クリック数、画面遷移数など）を用いることもある。人力で数えるのはやや手間だが、プロトタイプを用いたユーザビリティテストの場合はロギング機能を埋め込むなどして自動化することも選択肢のひとつだろう。前述のモデレーターの途中介入や思考発話による影響が少ない

> **COLUMN**
>
> ### 定量指標の基準値はどこに置けばよい？
>
> 達成時間や操作ステップ数を定量指標として活用するとしたとして、いったい何分／何ステップ以内に達成できれば合格と考えたらよいだろうか？ 鱗原ら（1999）はそのひとつの解として、基準値をエキスパート（開発者などそのシステムを使い慣れた人）に求めるNE比（Novice-Expert Ratio）を提案した（3.4.2項を参照）。エキスパートとされるユーザーがそのタスクを行った時の達成時間や操作ステップ数を基準とし、初心者ユーザーがその何倍要するかという考え方である。そのシステムをよく理解しているユーザーであれば、ユーザビリティ、特に操作理解に関する部分でもたつくことはないという前提で考え、それを基準として比が高い部分を「初心者故の迷いが原因になっている箇所」と仮定することができるのである。逆にエキスパートでも初心者でも等しく時間がかかっている（比が小さい）部分は、操作レスポンスなど実装面の問題であると捉えることができる。このような考え方で、タスク全体を細かなサブタスクに分解し、個々のNE比を測ってグラフにしてみると、絶対値が大きな山であっても、初心者にとってのわかりにくさに由来するものと、システム由来のものとに区別して抽出できる点も特徴である。
>
> エンジニアやデザイナーは自分が設計したシステムをよく理解できているため、初心者がそれに迷ったり間違えたりするという事実を想像するのが難しい（2.2.2項の「専門家は初心者のことがわからない」参照）。しかしNE比を用い、自分達を基準にした形で「初心者はこんなにかかってしまうのだ」とデータで示されれば受け入れざるをえない。その意味でユーザビリティ改善活動に懐疑的な設計者達を巻き込むきっかけとしても有効な手法と言える。たいていのエンジニアは参考値を採らせて欲しいと言うと、「よしきた」と腕まくりをして最速値を叩き出してくれる。皮肉なことにそれが結果的に比を高め初心者とのギャップを浮き彫りにしてくれるのである。

のも利点と言える。

いずれにせよ、定量指標を用いた数値化、グラフ化は全体を公平に俯瞰するのには有効である。成果報告としての説得性も高い。一方で実際のプロダクト改善はその結果につながった原因を深掘りしていくことから始まる。不達成のひとつひとつが同一の原因によるものとも限らない。数値の多寡だけに囚われ、満足してしまわず、その内容にもしっかりと目を向けていきたい。

3.5.9 報告書の作成

報告書を作成する必要があるかどうかもミッション次第だろう。開発関係者（ステークホルダー）の全員がユーザビリティテストを見学し、開発や改修の方向性について合意がとれたのであれば、自分達の覚え書きレベル以上のドキュメンテーションは不要かも知れない。逆に、ユーザビリティテスト実施チームと、実際に開発、改修を行うチームが異なる場合（外注評価も含む）、あるいは意志決定権限者を説得しなければならない場合などでは、報告書の作成が必要になる。どういった形の報告書にするべきかもミッションで異なるし、こうでなければいけない、といった決まりもないが、ここでは著者がよく作成する典型的なパターンを紹介したい。いずれにせよ、誰になにを伝えたいか（どう説得したいか）、正確さや掘り下げの深さと速報性のバランスをどう取るかなど吟味し、デザインをしなければならない。著者は報告書もユーザー（読み手）中心のデザイン設計があってしかるべきと考える。

例えば「この指摘は不適切な文言で誤解を招いている」、「アイコンのデザインが何を意味しているか伝わっていなかった」、「操作手順がユーザーが思い描いていたものと合致していなかった」といった課題が発見できたとして、実際にそれを改修するのはデザイナーだったりプログラマーだったり翻訳者だったりするだろう。各担当者が自分の領分で解決すべき部分をピックアップしやすいよう分類やラベル付けしてあると報告書のユーザビリティは向上する。また問題の深刻度なども段階評価をしてあると、それを読んだ側が改修の着手優先度を決める参考になる。著者はたいていA/B/Cの三段階程度に区分する。Aがもっとも深刻なものだが、なにを深刻とするかはその製品による。例えばECサイトであればもっとも避けたい事態はユーザーがギブアップしてサイトを離れてしまう事であり、Aは「ユーザーが購入を諦めサイトを離脱する恐れがある」などとする。医療機器のように人命に関わることであれば「医療過誤につながる恐れがある」であろうし、ビジネスソフトであれば「誤ってデータを失う可能性がある」などが考えられる。要するに読み手（開発者、サービス提供者）が一番ドキっとする内容をAにする。逆にCは「mustではないが改善すれば顧客満足度が上がる」くらいの位置づけである。また別軸で想定発生頻度をつける場合もある。例えば深刻であってもほんの一部のユーザーしか遭遇しないとか、初

期設定時に一度しか目にしない箇所であれば改修優先度は下げられるかも知れないからである。

単純にA/B/Cをユーザビリティ3要素の有効さ、効率、満足度に対応づける場合もある。Aは効果を持たない（したいことを達成できない）、Bは効率が低い（迷う、間違える、手間がかかる）、Cは満足度低下につながる問題、という形である。いずれにせよ、3段階くらいでレベル分けしてあると、全体としての課題の在り様を把握しやすくなると思われる。また、ダメ出しばかりでは読み手がげんなりしてしまうので、全員迷わずできた、好評だったなどのグッドポイントを挙げておくのもよい。

全体としてどれくらい詳しく時間をかけてまとめるかもケースバイケースだが、両極端のパターンを説明する。

(1) フルレポート

著者のような受託評価者は納品物としてフルレポートを求められることが多い。文字どおり全部の情報が入った報告書である。調査目的、実施概要、結果、考察、改善案といった科学論文に近い項立てになることが多い。つまり調査の内容をまったく知らない人に、こういうことを検証するために調査を企画し、こういう手続きで実施をし、こういう結果が得られ、こう分析しました、こういう改善が考えられます、までを説明する資料である。結果について定量的な集計グラフが入り、問題点毎の指摘は画面写真入りで「問題の箇所はここです」とばかりに赤丸や矢印を入れるなどグラフィカルに示す。またユーザビリティテストでは実験デザインの影響が大きい。こんな条件のテスト参加者を集め、タスクでは具体的にどんな教示をし、プロトタイプはこのバージョンを使いこの機能はタッチしても反応しない状態だった、などと詳細に資料に含めなければ、読み手が結果を正確に吟味することができない点も科学論文に似ている。

(2) フラッシュレポート

速報性を重視したサマリー。ステークホルダーも一通りは実査を見て課題を共有できており、リマインダー、ToDoリスト的な位置づけで、可能な限り早くまとめる形式。基本的にはテキスト中心で、箇条書きで済ますこともある。一緒に計画し、見学してユーザビリティテストの経緯や手続きをわかっている同士であれば、そこは省略できるからだ。また製品をよくわかっている担当者向けならば画面写真入りの詳細説明も省いて「メインナビゲーション上の通知マークが気づかれていなかった」で伝わるだろう。内輪で手早く繰り返しユーザビリティテストを継続していくならこうした時短作戦が有効である。

報告書は、このどちらかになるということではなく、実際には必要とされる正確さと迅速さのバ

ランスで落としどころが決まるであろう。

　共通して気をつけたい点としては、「事実と考察を分けて記述する」ということである。事実とはテスト参加者の発話や行動など誰が見ても動かしようのない出来事である。「設定画面の入り口を見つけられなかった」「5人中2人が達成できなかった」といったものだ。これに対して「考察」は事実を元に解釈を行ったもので「設定画面の入り口のアイコンが目立ってなかったせいだろう」といったものになる（「目立ってないと指摘したテスト参加者がいた」なら事実）。解釈は人によって違いが起こり得るし、ユーザビリティテストの結果解釈に多様性が生まれることは悪いことではない。そのためにはどこまでは揺るぎない事実で、どこからは報告者の主観なのかを線引きしてある必要がある。具体的には、テスト参加者の発話には『　』を用いてできるだけ正確に書き起こすとか、「〜とテスト参加者が指摘した」「〜のように解釈できる」と主語述語を明確にした記載を心がけるといったルールを決めて執筆するとよいだろう。

3.6 ユーザビリティテストの事例

　ここでは、本書のために実施した模擬プロジェクトを使って、実際にユーザビリティテストを行うときの流れに従った事例を紹介する。なお、ここにはインスペクション法（エキスパートレビュー）の実施も含まれている。

　著者の代表2名に加え、ユーザビリティテストを勉強中の有志[*4]を募りご協力いただいた（以下、"プロジェクトメンバー"と呼ぶ）。

　また評価対象としては、株式会社DMM.com様のご厚意でご提供いただいた、「DMM Okan 家事代行」という家事代行サービス向けのスマートフォンアプリを利用した。なお、ユーザビリティテストには2017年7月時点のVer.1.4を使用しており、サービス内容、画面デザインなどは現在のものと異なっている場合がある。また同サービスは2018年9月にサービス終了しており、現在はアプリの入手は不可能となっている。

3.6.1 評価対象プロダクトの概要

　評価対象とした「DMM Okan 家事代行」は、その名前にもあるとおり家事代行サービスの一種であるが、従来の家事代行サービス業者が雇用スタッフを派遣する形とは異なり、家事を手伝ってほしいと考える個人と家事を得意とし、それをサービスとして提供することに同意して登録したもう一方の個人（本書では"キャスト"と呼び、大半は女性）をマッチングする新しい家事

代行サービスである。AirbnbやUberなどと同様の仕組みと考えればわかりやすいだろうか。

家事代行を依頼する側のユーザーと家事を代行するキャストの双方にそれぞれスマートフォンアプリが提供されており、今回評価対象として提供いただいたのは、前者の家事代行を依頼する側が利用するアプリである。

当該アプリを使ってサービスを利用する場合の主な流れは以下のとおりである。

1) アプリをダウンロードして利用を開始する
2) 利用登録をする
3) 依頼内容やキャストを選択して依頼する
4) 指定した日時にサービスを受ける
5) キャストの評価を行い、決済を行う

今回のユーザビリティテストでは、ダウンロード直後の初回起動から依頼の直前までを対象とした。よって、1)と2)、および一部を除く3)がこれに含まれることになる。評価対象となる画面の一部を図3-6に示す。

3.6.2 テスト設計

ユーザビリティテストの準備という位置づけで、エキスパートレビュー(ER: Expert Review)を実施した。6名が2チームに分かれて行った。

両チームに共通してみられた傾向から、エキスパートレビューの難しさと効率よく進めるためのポイントをまとめる。

(1) 並行作業の難しさ

アプリを初めて見るユーザーがそれを利用するシーンを想像しながら、画面フローを洗い出しつつ、その随所に潜むユーザビリティの問題を書き出していくのが理想である。さらに欲を言えば、画面のスクリーンショットを取りながら作業できると大変効率がよい。特に最初にサイトへアクセスしたときにしか見ることのない画面があれば取っておきたい。後に、進行シートや報告書にて活用することが想定されるからだ。この段階で取っておけると、スクリーンショットを用意

＊4 協力してくれた有志(五十音順、敬称略、括弧内は所属)：浦上 幸江(フリーランス)、川田 学(株式会社メンバーズ)、黒沢 征佑喜(サントリーシステムテクノロジー株式会社)、松永 奈菜(株式会社ファクトリアル)、三上 陽平(株式会社メンバーズキャリア)、森 美穂子(株式会社メンバーズキャリア)

96 第3章 ユーザビリティテストと関連手法

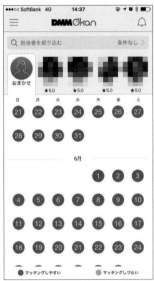

図3-6 左上から右下へ順に、ガイドトップページ、依頼日およびキャスト選択画面、依頼内容入力画面、新規登録画面、キャスト絞り込み画面、キャストプロフィール画面

図3-7 チームAは、アプリを触りながら操作フローの把握を行うことから着手した。その過程で気づいた問題点を付箋に書き出し、当該画面部分に貼り出していく手順である。

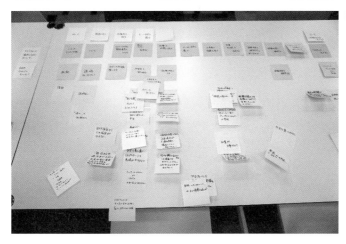

図3-8 チームBでは、「ステップ」、「ユーザーがしそうな行動」、「画面」、「課題」、「仮説」の5項目を付箋に書き出しながら、サービス全体を俯瞰しつつ、タスクにつながりそうな問題点の抽出を行った。

するためにアカウントを新しくしたり、アプリを再インストールしたりといった手間を省くことができる。

　しかし、アプリに初めて触れる"初見"の状態は二度と得られない貴重な機会である。初見だからこそその戸惑いや操作ミスは、ユーザビリティテストのタスクに直結する問題点の存在を示すものである。それらをしっかりと書き留めることは、後々の手間を省くための作業よりも優先されるべきである。

　実際、フローの確認、問題点の書き出し、スクリーンショットの撮影といった作業を並行して進めるのは、慣れないうちは大変難しいというのが両チームの得た感触である。慣れるまでは、時間効率を無視して、まずエキスパートレビューによって画面フローの洗い出しを行ってから、改

めてユーザビリティの評価に的を絞った認知的ウォークスルーを行うといった段階的な作業が好ましいようだ。

(2) 網羅的なエキスパートレビューをねらいがち

　「改善施策を挙げるためのユーザーインタフェース有識者による指摘というアプローチでエキスパートレビューを始めてしまっていた」と、エキスパートレビュー経験者の一人が後にこのエキスパートレビューをふり返った。ユーザビリティテストの準備という位置づけでエキスパートレビューを行う場合には、アプリに潜んでいるユーザビリティ上の問題点を網羅的に書き出すことよりも、想定するユーザーがアプリを使ってみようとするときにどんな問題に直面し得るかを想像しながら、ユーザーの立場でアプリを一通り使ってみるという取り組み方が望まれる。

　チームAのエキスパートレビューで、「キャストを選ぶときに欲しい情報は何だろう？」「自分がキャストを選ぶとしたら〇〇という情報が欲しいと思うのだけど、それがどこに表示されているのかわからない…」といった発言が聞かれた。これはまさにユーザーの立場に立ってアプリを使ってみる行為であり、こうしたアプローチが後のタスク設計へとつながっていく。

　一方、タスクにつなげることを意識し過ぎるあまり、「ユーザビリティテストでどういうタスクができそうか」という視点が議論の中心になりがちだった。画面フローの洗い出しと問題点の抽出を行ったうえで考えるべきは「どんなタスクができるか」よりも、「改善すべき問題点はどんなことで、その問題点はどんなタスクを行うときに阻害要因になるか」を論点とすべきである。

(3) ユーザビリティからの視点が逸れがち

　DMM Okan家事代行サービスの依頼主へのヒアリングやサービスを実際に利用する経験をしないままにエキスパートレビューを始めたことも影響した可能性はあるが、両チームともユーザーインタフェースのユーザビリティ評価という枠組みから外れた議論にかなりの時間を要しているようだった。「いわゆるマッチングサービスで継続的な利用を想定しているのだろうけれど、使う人はいるのかな？」とターゲットユーザーの検証を始めたり、「個人認証などもあって登録のハードルが高く、高齢者には難しいのでは？」と評価のスコープから外れることになるような登録のフローに時間を割き過ぎたり、「継続的な利用のバリアになるのはどんなことか？」とサービス設計やUX（ユーザーエクスペリエンス）にまで話題を膨らませたりとした結果、予定した時間内にエキスパートレビューを終えることができなかった。評価をするうえで、上記のような議論にまったく意味がないというわけではない。単にユーザーインタフェースを修正して終わりにするのではなく、一歩進んでサービスとしての価値まで視野に入れることは悪いことではなく、予算や時間が許すならむしろ望ましい議論と言えるだろう。しかし目下の焦点が、ユーザーインタ

フェースのユーザビリティ評価であり、ユーザビリティテストを実施するという目的の元でエキスパートレビューを行っているという事実を忘れてはならない。

　ただ、バグについての書き出しはエキスパートレビューの成果の一つとして報告するか、可能であればユーザビリティテストに先駆けてクライアントと共有するとよい。バグとしてクライアントが認識していることについてはユーザビリティテストのスコープから外してしまえるからだ。今回のエキスパートレビューでも、スマートフォンの機種によって凡例が表示されたり、表示されなかったりといったバグらしき一面が確認され、報告書にて報告することとした（図3-9）。

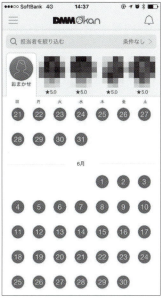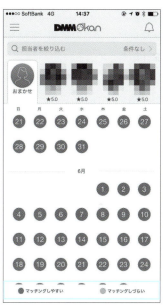

図3-9　機種により、依頼日およびキャスト選択画面の最下部にカレンダーの凡例（青枠部分）が出る場合（左）と出ない場合（右）が見られた

3.6.3 対象者選定

　模擬ユーザビリティテストでは、クライアントが想定していたターゲットユーザーの中から機縁法（人のネットワークを通じて協力者を募る方法）で集めやすい「現役子育て共働き世代の男女」をメインの対象者とし、加えて「スマホ操作に慣れない中高齢者」をリクルーティングすることとした。中高齢者への利用者拡大を視野に入れた場合に障壁になると考えられるユーザビリティ上の問題点が、エキスパートレビューによりいくつか確認されたためである。

　"現役子育て世代"と"中高齢者"という属性での括りで考えると、ほぼすべての年代がテスト

参加者候補として該当する。さらに性別まで考慮しようとすると、セッション数がかなり必要になる。そこで議論されたのは、年齢や性別といった属性ではなく、"本サービスに対する利用ニーズを持っているかどうか"という点であり、それを確認できる問いを盛り込んだWebアンケートを作成した（選択肢を含むアンケートの全容は巻末資料を参照されたい）。

Q1-1. あなたご自身を含めた同居ご家族の中で、次にあげるご職業に従事されている方がいらっしゃいましたら、該当するものをすべてお知らせください。

Q1-2.【コンピュータのソフトウェアの開発、営業、サービス関係】、【テレコム、携帯電話関係】にお勤めなのは、ご家族のどなたですか。（複数選択可）

Q1-3-1. あなたがお勤めの業種・職種をお知らせください。　例）IT関係でシステム開発の仕事をしている

Q1-3-2. 配偶者がお勤めの業種・職種をお知らせください。　例）IT関係でシステム開発の仕事をしている

Q2. あなたの性別をお知らせください。（1つ選択）

Q3. あなたの年齢をお知らせください。（1つ選択）

Q4. あなたがお住まいの地域をお知らせください。（1つ選択）

Q5. あなたの婚姻状況をお知らせください。（1つ選択）

Q6. あなたのご職業をお知らせください。（1つ選択）

Q7. あなたが同居されている人数をお知らせください。（1つ選択）※本人は除いてお答えください。

Q8. あなたは、スマートフォンを保有し、利用していますか？（1つ選択）

Q9. 現在お使いのスマートフォンはiPhoneですか？Androidですか？（複数回答可）

Q10-1. これまでご自身でアプリをインストールしたことはありますか？（1つ選択）

Q10-2. 過去2ヶ月以内にアプリをインストールしましたか？（1つ選択）※他者の協力があっても構いません。

Q11. ご自分のスマートフォンを使ってよく利用しているアプリやサービスを教えてください。（複数選択可）

Q12. 家事を誰かに頼んだことはありますか？（複数選択可）

Q13. 家事代行サービスを利用したいと思いますか？

Q14-1. これまでに家事代行サービスを利用したことはありますか？

Q14-2. 利用したことのある家事代行サービス名を教えてください。（自由回答）

	シニア枠			一般枠			
ID	P1	P2	P3	P4	P5	P6	P7
性別	男	女	女	女	女	男	男
年齢	67	64	64	28	34	36	31
ITリテラシー/職業	中 / 会社経営	低 / 華道の先生、フラワーコーディネーター	高 / ECプラットフォーム開発運用プロマネ	高 / 広報	高 /	高 / Webサイトディレクター	高 / Webエンジニア
世帯構成	独居 ただし所有マンション内に妻(55)と娘x2	母(87)(介護中) 夫(66) 次女(36)	娘(22) x2	夫(33)	夫(34)	妻(38)	妻(32)
使用スマホ	iPhone7 iPhone4 台目	Xperia 2年くらい	Androidスマホ歴7-8年くらい	iPhone7 前は5s	iPhone	iPhone 4からずっと	Xperia SOV33 スマホ歴10年くらい
主な用途	電話、メール、天気、株価、ニュース、検索、乗り換え、タイマー、辞書	家族とLINE、母と電話、生徒達とメール。SNSは時々見るだけ。検索、カメラ、天気、乗り換え。	LINE、検索、ポイントカード。SNSはあんまり。	メール、SNS、ゲーム、Hangout、Google+、音楽	通勤中などLINE、Facebook Messenger、Yahoo関係、Googleマップ、まとめ、ニュース	Googleマップ、カメラ、メール	電話、LINE、Googleアシスタント、gmail、ゲーム、Facebook(見るだけ)、Instagram、Googleニュース、Yahooニュース
家事代行利用経験	10年以上前にダスキン。実家では毎年クリーニング業者にアパート掃除を依頼。	なし	なし	なし	なし	今は事足りているが、料理を作ってくれるとかエアコン掃除とか家まるごと掃除とか、専門性の高いものは関心がある。	なし。自分で行う。料理するのも好き。
家事代行関心度	普段の掃除はだいたい一人でやっているが、年末の大掃除などで窓拭きなどを頼みたい。男手がないので大きな家具の移動とか力仕事。年を取って億劫になったのはエアコンのクリーニング。	仕事+介護で食事の用意が大変で関心は高まっている。	エアコンや洗濯機の掃除など、自分で分解などできないもの。	ものが多いので片付けは頼んでみたい。頼むとしたら検索、知人に聞く。家事を頼むということは抵抗あるのでFacebookとかで広くは聞きづらい。	関心はある。掃除。Webで探す。会社としてはダスキンとかのイメージ。	汚れがひどくなったら。窓とか。ベランダの片付けとか頼めるのだろうか?	もし頼むなら、掃除、洗濯、買い物、子供や祖父母の送迎

図3-10 ご協力いただいたテスト参加者リスト

　世帯構成を確認するQ3やQ7に加え、Q12、Q13、Q14への回答を重視して最終的な対象者の選定を行うこととした。

　最終的にご協力いただいたテスト参加者は図3-10のとおりである。

　ちなみに、テスト参加者人数を7名としたのは、メンバー6名に著者の一人を加えた7名が1セッションずつモデレーターを行うことを意図したものである。

3.6.4 タスク設計

エキスパートレビューの結果、初見のユーザーが新たに会員登録をしてサービスを利用するまでの流れは以下のように分割して捉えられることが判明した。

(1) サービス内容の把握
(2) 会員登録
(3) サービスの利用予約
(4) サービスの利用

それぞれについてどんな議論が持たれたのかをまとめる。

(1) サービス内容の把握
　初回起動時に提示されるガイド（図3-11）をテスト参加者が参照するかどうか、参照することでテスト参加者がサービス内容をしっかりと把握できるようになっているかどうかを確認するタスクを設けるべきかについての議論が持たれ、以下の4案で意見が割れた。

　　A. 自由探索タスクを設けたうえで、タスク直後にアスキング
　　B. 自由探索タスクを設けたうえで、全タスク終了後にアスキング
　　C. ガイドを見るタスクを設けたうえで、タスク直後にアスキング
　　D. ガイドを見るタスクを設けたうえで、全タスク終了後にアスキング

　AとBでは、ガイドを完全に読み飛ばされてしまった場合に何も検証できなくなる懸念がある。確実にガイドを見てもらい、そこで何が学習されたのかを検証することを目的とするならば、CまたはDを選ぶことになる。読み飛ばされることが多いとわかれば、ガイドを使ってサービスの内容や利用方法を事細かに説明することにはそれほど意味がなく、問題点があったとしてもその修正に多くのコストを割く必要性は低いと判断できる。一方、丹念に読むテスト参加者が多いとなれば、そこで提示される情報のわかりやすさがサービスの利用開始を後押しすると期待できるため、積極的に問題点を改善していこうという判断につながるだろう。そうした意味で、ガイドを見るタスクを設けて、普段はほとんど素通りするというテスト参加者にも強制的に見てもらうよりは、自由探索タスクとして教示し、ガイドにどのくらい目を通すのかを合わせて確認するAないしはB案で行くことが望ましいと判断された。

　次は、理解度を確認するためのアスキングを、タスクの直後に行うか、全タスク終了後の事後アスキングで行うべきかである。直後にアスキングを行えば、テスト参加者は自分が理解したこ

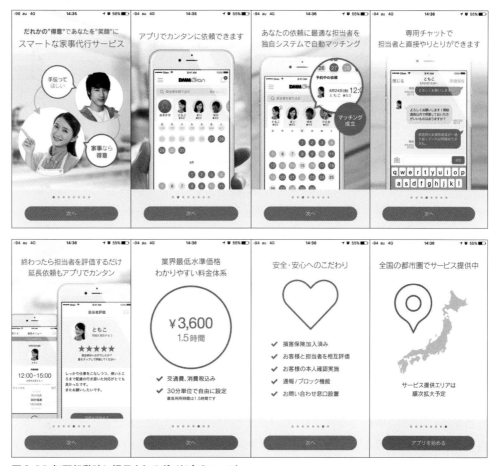

図3-11 初回起動時に提示されるガイド全8ページ

とを頭の中で整理し、モデレーターへ伝えようとすることになる。懸念は、この行為を通じてテスト参加者の理解が深化したり、変化したりする可能性がある点である。これにより、続くタスクの達成度を上げることにもなりかねない。一方、全タスク終了後にアスキングをするとなると、記憶が曖昧になり、ガイドを読んで理解したことと、その後のタスクを行うことで理解したこととを区別して話すのが難しくなるという懸念がある。双方の長短とタスクの優先度を考慮したうえで最終的な判断を行うことになるが、今回は議論の結果、B案の「自由探索」＋「全タスク終了後のアスキング」で設計を進めることとなった。ガイドについては、思い出して語れる部分は語ってもらい、思い出すことが難しそうであればガイドを改めて見てもらいながらアスキングを行うことで記憶想起を支援すれば懸念点を払拭できると考えたからだ。

（2）会員登録

本サービスを利用するにあたっては、DMMアカウントの取得を経て、DMM Okanへの会員登録が必要になる（図3-12）。

DMMアカウントの取得はアプリのユーザビリティ評価という観点から外れるためタスクには含めないということで簡単に合意されたが、実際にはテストを実施するにあたってDMMアカウントが必要になることから、以下の議論が持ち上がった。

- すでにDMMアカウントを持っている人をリクルートすべきではないか？
- ダミーのDMMアカウントを用意すべきではないか？

リクルーティング開始後の要件の追加は難しいことや、要件の追加に伴いリクルーティングの難易度が上がる懸念があったことから、調査者側でダミーのDMMアカウントを用意することで合意した。この議論を通じて、次のようなことに気づけたのは一つの学びと言えるだろう。

- タスク設計の段階でリクルーティング要件が増える可能性がある
- 今回で言うダミーアカウントの作成といった準備をクライアントに依頼する必要が生じる場合がある

いずれもなるべく早く、できればタスク設計まで待たずに気づくことができれば対処しやすくなる事象であり、こうした可能性まで考慮してクライアントから要件を聞いているかどうか、エキスパートレビューに臨めているかどうかが重要になることがわかる。

DMM Okanへの会員登録については、本人確認書類の提出が必要となることや本人確認に費やされる時間も考慮しなくてはならなくなることから、ユーザビリティテストのタスクとしては現実的ではないとして不採用と決まった。ただし、登録に際して目にする画面にはいくつかの問題点が潜んでいることがエキスパートレビューにて確認されていたため、「利用規約に同意する」画面までをタスクとして盛り込むこととした。

（3）サービスの利用予約

依頼するキャストを選んだり、依頼する内容や日時を決めたりといった予約条件を指定するタスクは、本アプリを利用するにあたって骨子となる部分であり、エキスパートレビューでも次のような懸念が確認されていた。

図3-12 DMMアカウント取得画面(左)とDMM Okanへの会員登録画面(右)

・絞り込み機能に気づいて、使えるか
・キャストのプロフィール画面を開けるか
・プロフィール画面の「得意な仕事」アイコンの意味を理解できるか
・左上の前画面名をラベルとした戻るボタンを押すことに躊躇はないか

　以上を確認するためのタスクを作成するにあたって議論の的となったのは、次のような点である。

・キャストの選択はテスト参加者に任せるべきか？
・予約日時を指定すべきか？
・依頼内容を指定すべきか？

　議論の焦点は、サービスを利用する際の具体的な依頼内容を調査者側で指定すべきか、それともテスト参加者に任せて、サービスをどのように利用しようとするかを見るところまで含むべきかどうかである。最終的には、一定時間、好きなようにアプリを触ってもらう"自由探索"タスクを冒頭に設けることで、上記の指定は一切行わず、テスト参加者に任せるほうが選ばれた。タスクを分割することで、データの分析を行いやすくするというメリットよりも、「初めて利用するユーザーが自力でサービス利用までのフローを完遂できるか」という初見のユーザビリティ評価を重

視したかったためである。最終的なゴール、この場合は「サービスの利用予約を行ってください」という大きなタスクを一つ設けて、なんら細かい条件指定を行わず、テスト参加者を"放置する"のがもっとも公平で、目的に即したタスク設計になると判断した。

ただし、テスト参加者任せにした結果、ユーザビリティを検証したいと考えている部分や機能に一度も触れないままになるということもあり得る。これに備えて、追加タスクを準備し、状況に応じた動的な進行を行うこととした。

(4) サービスの利用

実際にサービスを利用する場合、サービス利用者となるテスト参加者とサービス提供者となるキャストとの間で直接のコミュニケーションが発生する。ということは、そこまでタスクに含めた場合、すでにサービスを利用している方々にご迷惑がかかるため、予約以降のフローをタスクに盛り込むことは不可能とされた。

また、アプリのユーザビリティ評価に徹し、サービスそのものの評価は対象としないという点からも、タスクから外すことが妥当とされた。

最終的には、以下のようなタスク設計となった。

タスク1：自由探索＋家事代行予約（「ログイン」画面まで）
- アプリ説明画面において、ユーザーにどのような情報が伝わっているのか
- 初回起動時に表示されるアプリ説明画面の内容は適切か（読むか／読まないか／読んだ場合どこまで理解して先へ進んだか、全タスク終了後の事後アスキングにて確認）
- 初回起動後の自由探索において、家事代行の予約まで進めるか／アプリの使い方を理解できているか／ユーザーインタフェースは適切かを検証

タスク2：サービスの利用登録（「利用規約に同意する」画面まで）
- 予約画面において、ユーザーが迷わず登録までできるかどうかを検証
- 最寄り駅入力画面において、左上「＜新規登録」ボタンの違和感がないか検証

タスク3：特定の家事ができる担当者を探す
- 自由探索タスクで接触がなかった場合にのみ実施する
- 「担当者を絞り込む」画面に気づくかどうか／絞り込む画面のユーザーインタフェースは適切か

タスク4：担当者の情報を見る
　　　・自由探索タスクで接触がなかった場合にのみ実施する
　　　・担当者のプロフィールに気づくかどうか／見ることができるかどうか
　　　・プロフィール表示のユーザーインタフェースは適切か

　タスク設計の過程で、競合サービスについての調査がプロジェクトメンバー内で自然発生した。テスト参加者は、評価対象そのものについての事前知識を持っていないとしても、類似サービスについての知識は持っているかもしれない。そうした既有知識がタスクの遂行に影響する可能性があること、調査中の対話の中にそうした話が出てくる可能性があることなどを考慮すると、評価に先立ってこうした事前調査を行っておくことには大きな意味がある。事前調査を行っておけば、テスト参加者が取った行動の裏にある先入観や意図をくみ取りやすくなったり、対話への共感もしやすくなったりすると考えられるからだ。

　とは言え、そこに十分な時間や予算を配分できることは少なく、網羅して臨むことは難しい。クライアントが把握している競合サービスについて、事前に共有してもらい、それらについての理解を深めておく程度が、調査に先立つ予習としては妥当だろう。

3.6.5 進行シート作成

　タスク設計が完了した後、いよいよユーザビリティテストで使用する進行シートの作成に着手した。最終的に本番で利用した進行シートは巻末の付録のとおりだが、ここでは進行シート作成の過程で持たれた議論や作成時に留意された点をいくつか紹介する。

(1) 事前アスキング
　テスト参加者とのラポール形成を主目的としつつ、加えて以下の3点についての情報を得るべく質問を用意した。

- 基本属性
　　　Q1. お名前、年齢、ご家族構成（年齢も）を教えていただけますか？
　　　Q2. お仕事はされていますか？　どんなお仕事ですか？
- ITリテラシーとスマホの利用状況
　　　Q3. スマートフォンは何をお使いですか？　スマートフォンを使い始めてどれくらい経ちますか？
　　　Q4. どんなときにスマホを利用していますか？

Q5. アプリは何か入れていますか？ 普段よく使うアプリを教えてください。
- 家事代行サービスの利用経験と利用意向
    Q6. 家事代行サービスを利用したことはありますか？
    Q7. ＜使ったことがある方＞どんな内容（家事内容 / どこに依頼したか）でしたか？ 利用してみていかがでしたか？
    Q8. ＜使ったことがない方＞家事代行を利用したいと思いますか？ なぜですか？
    Q9. ＜使ったことがない方＞家事を依頼するとしたら、どうやって探しますか？
    Q10. どんな家事を頼みたいですか？ なぜですか？

(2) タスク1：自由探索

　タスクへ進む前に、思考発話のデモを用意した。モデレーター自らがデモを行うことで、思考発話の方法と意図をテスト参加者に理解してもらうことを狙ったものである。

> デモ：私が渋谷から人形町までの最短の行き方を知りたいとすると、ここを押してパスワードをいれて、乗換案内のアプリを使いたいのでアイコンを押します。行き先を入力したので検索を押します。いくつか行き方があるみたいですね。他の行き方を見るにはどうしたらよいのかな。

　またタスクへの導入として、テスト参加者に対し、評価対象であるアプリの前提情報をどの程度、どのようにして共有すべきかの検討がなされた。自分のスマホにアプリをダウンロードするにあたって必ず目にするランディングページ（図3-13）の情報を読んでもらってからタスクへ進んでもらうことで、テスト参加者全員の前提条件をそろえることとした。また、実際の利用文脈に近い流れを作ることで、テスト参加者が状況を想像しやすくすることも狙った。

　一定時間ランディングページを見てもらった後、以下の教示文にてタスクを開始した。

> それでは早速アプリを開いて、自由に見たり操作したりしてみてください。利用してみようと思った場合は実際にそういう操作までしてみていただいて結構です。

　依頼するところまでをタスクとして教示文に含めるべきかどうかの議論の末、テスト参加者が自発的に利用してみようと思うかどうかを観ることも重要とし、利用登録まで進むかどうかはテスト参加者が判断して構わないとする教示に落ち着いた。ただし実際には、タスク2の利用登

図3-13 DMM Okanアプリのランディングページ

録へ進む前に、自由探索直後のアスキングを挟む必要があるため、モデレーターへのリマインドとして次の注意書きを添えることとした。

> ※もし依頼しようとしたらいったん止めてアスキング、依頼しないでやめたらその理由も込みでアスキング

ユーザビリティテストでは、テスト参加者が必要以上に頑張ってくれてしまうことがある。態度としては有難いことだが、タスクを通じて問題点を抽出しようとする調査の意図としては好ましい状況とは言えない。これを避けるために次のような前置きを教示に添えることとした。

> ※迷ってなかなか進まない場合、3分くらいで切り上げてサービスの概要について聞く「LP（ランディングページ）の情報以外のことがわかりましたか？」

また、テスト参加者が真剣に取り組むがあまり、時間をかけ過ぎてしまう可能性もある。そのような場合には、時間で区切りをつけて、先へ進むための方略を立てておくことが重要だ。今回は、次のような作戦を立て、進行シートに記しておくこととした。

> 「家で一人でやっていたら、ここでやめていると思う場面があれば教えてください」

自由探索タスクで重要になるのは、モデレーターがいかに観察し、記録できるかである。その精度を上げるためには、画面のスクリーンショットを貼っておいたり、観察すべき項目を列挙しておいたりといった工夫が考えられる。また、自由探索の中で閲覧した画面に応じて、タスクの進行や事後アスキングの内容が変わる場合には、それらも書き出しておくのが得策だ。

　すべてのタスクに共通して必要となる記録に、タスクの達成判定がある。たとえばタスク1では、以下のような判定基準を用意した。タスクごとに判定基準を検討し、モデレーターと記録担当者との間で齟齬のないよう打ち合わせをしておくことも重要である。

- 家事を依頼できた
- 迷ったけど依頼できた
- 依頼できなかった
- 依頼しようとしなかった

(3) タスク2：サービスの利用登録

　タスク2では、途中でDMMアカウントのIDとパスワードの入力が求められる。こうした情報入力は慣れていないユーザーには難しい面もあり、またテスト環境という特殊な状況下では緊張して思うように入力できなかったり、ミスをしてしまったりするテスト参加者が現れないとも限らない。情報の入力操作そのものが評価対象でない場合には、今回のようにモデレーターが代行する措置を取り、時間の節約を図ることがある。

　モデレーターが落ち着いて入力できるよう、IDとパスワードを進行シートに記載しておくことを忘れないようにしよう。ダミーを作る際に、間違いにくく、なるべく短いIDとパスワードを設定することも検討したい。

(4) タスク3：特定の家事ができる担当者を探す

　タスク3は、特定の家事を得意とするキャストを探すために用意されている絞り込み機能を使えるかどうかを検証するためのタスクだった。「○○の家事をお願いできる担当者はいるでしょうか？ 探してみてください」との教示を受けて、これを達成するための方法は以下の二つが考えられた。

- "担当者を絞り込む"をタップして、条件選択画面へ遷移し、条件を選ぶ（図3-14）
- キャストのプロフィール画面を開き、得意な家事に指定されたものがあることを確認する（図3-15）

図3-14 絞り込み機能への入り口(左)と遷移先(右)

図3-15 プロフィール画面

　このタスクで検証したかったのは、前者の絞り込み機能を使えるかどうかだったが、それに気づかなかった場合、キャストのプロフィールを一つずつ開いて得意な家事を確認していくという地道な方略でタスクを達成しようとする可能性があった。そこで、そうした流れになった場合に備えて、予備の教示を準備すると同時に、本タスクでうっかり口にしてしまう可能性の高い"NGワード"をモデレーターにリマインドするための注意書きを用意した。ここでのNGワードは、当該機能への入り口に記されている「担当者を絞り込む」である。

予備の教示で"衣類修繕"を指定することとしたのは、これを得意な家事として登録しているキャストが少なかったため、プロフィール画面で確認していくという方略ではなかなか見つけにくいと考えたからだ。またテスト参加者が他の方法をなかなか探りにいかなかった場合にはさらに「もっと楽に衣類修繕を得意だとおっしゃるキャストを探す方法がないかどうか探してみてください」と、明らかに別の方法を探すよう促す教示も考えられる。

(5) タスク4：担当者プロフィールを見る

タスク4に限定した話ではないが、進行シートを作る際には、テスト参加者の行動や回答として事前に予測がつくものはチェックボックス付きで書き出しておき、進行時、簡単に記録を取れるようにしておくとよい。ただし、必ず「その他」の選択肢を合わせて用意するようにしよう。調査者側で想定できる範囲の他にも、回答の選択肢があることを忘れないようにするためだ。そこにこそ、わざわざテスト参加者の協力を仰いで調査をする意味がある。

例：お願いする前に担当者について詳しく知りたいと思いますか？
＜知りたいこと＞
☐年齢・年代　　☐性別　　☐住んでいる場所　　☐口コミ　　☐人柄
☐ペット対応　　☐その他

また、タスク3や4のように、機能の存在に気づき、それを利用する動線を進むことができたかどうかを確認するためのタスクでは、その動線をたどらなかったテスト参加者に対し、機能への入り口を示しているラベルやアイコンの存在に気づいたかどうかの確認が必要になる。原因が、そもそも目に入らなかったからなのか、目に入りはしたが、タスクの導線だとは思えなかったからなのか、どちらかによって改善策が変わってくるからだ。今回の例では、タスク4で準備した以下の予備アスキングがこれにあたる。

予備アスキング：「i」のアイコンについて確認
「このマークに気づきましたか？ なんのマークだと思いましたか？」

---

(6) 事後アスキング

タスクへの影響を考慮して、自由探索の直後ではなく、事後アスキングに回したガイド画面についてのアスキングがメインとなった。思い出して語ってもらうのは負荷が高いため、想起の手助けをするという意味で当該画面を見ながら話を聞かせてもらうことも想定した。モデーター

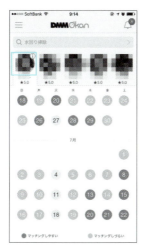 

図3-16 キャストのプロフィール画面への入り口(左)とプロフィール画面(右)

が操作をする必要が生じる部分については、その場で焦ることのないように以下のように操作方法を進行シートに書いておくことが大切である。

> ※必要に応じてガイド画面を出してあげる（左上メニュー＞利用ガイド）

(7) その他

次のセッションに備えて、何か準備が必要になる場合には、進行シートの最後（または冒頭）にその内容と手順を記しておくとよい。今回はアプリの初期化が必要になるため、その手順を以下のように記載した。

> ※ UT 終了後、モデレータはアプリを初期化する
> 【iPhone】
> 1. ホーム画面＞アプリアイコン長押し＞削除
> 2. App Store ＞ Okan を再インストール
> 【Android】
> 1. ホーム画面＞アプリアイコン長押し＞アンインストール
> 2. Play ストア ＞メニュー＞マイアプリ＞ Okan を再インストール

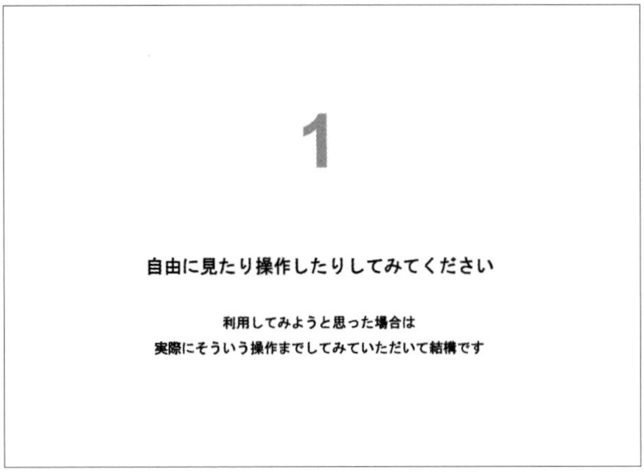

```
                                1

                    自由に見たり操作したりしてみてください

                       利用してみようと思った場合は
                    実際にそういう操作までしてみていただいて結構です
```

図3-17 タスクシート

(8) タスクシート

　進行シートとは別に、各タスクの内容を書き出した"タスクシート（図3-17）"を用意し、それをテスト参加者に見せながらタスクの教示を行うこととした。テスト参加者がタスクの内容を理解しやすくすること、タスクの途中で自分が行おうとしているタスクの内容や目指すべきゴールをいつでも確認できるようにすることなどを意図したものである。

3.6.6 実査

　ユーザビリティテストは、有限会社マミオンのテストルームと株式会社メンバーズの会議室をお借りして実施した。

　テスト参加者がタスクを遂行している様子は、書画カメラを用いてモデレーターの脇のパソコンに投影し、その映像を観察室で見られるようにした。モデレーターはパソコン上で操作を観察しつつ、画角から外れた場合にはテスト参加者へ伝え、所定の範囲内で操作をしてもらうようお願いすることとした。

　以下では、モデレーターを担当した面々の困惑や疑問とそれらを解消するための秘訣をいくつか紹介する。

(1) 事前アスキングの意図

　事前アスキングの冒頭で家族構成や年齢、職業といったプライバシーに踏み込んだ質問を用

図3-18 有限会社マミオンのテストルーム(左)と観察室(右)の様子

意したことにも意図がある。単なる属性情報の収集ではなく、テスト参加者の生活実態をイメージし、家事代行サービスを利用するとしたら、どんな文脈が想定されるかをつかむことであった。たとえば高齢の親と同居していることを聞き出して終わりとせず、「90歳を目の前にしてお母様はお元気なんですか？ すごいですね」と返せば、「実は介護をしていて、仕事の合間の食事の用意が大変」といった家事代行へつながるニーズの背景情報が得られた。このように家族構成や生活実態を先に聞けていれば、このテスト参加者がサービスのどんな面に注目しそうか、自由探索タスクのときの観察の視点や深掘りのポイントを一つ得られたことになる。

あるいは、小さなお子さんを抱えつつ夫婦共働きの世帯だということがわかったならば、「奥様は大変でしょうね。ご主人はどんな風にお手伝いなさっているのですか？」と聞いてみる。そうすれば、家事をどう分担しているのか、手伝いたくても手伝えていない家事はどんなものかといった現状が聞けるだろう。

このようなちょっとした追加の質問が今回はあまり聞かれなかった。聞き漏れがないようにという意識が強く働き、用意した問いに対する答えを受け取っていくことに終始しがちだったのだ。テスト参加者とのラポールを形成する意味でも、そうした事務的なやり取りは好ましくない。問いの一つひとつにどんな意図があるのか、しっかりと把握してからテストに臨むようにしよう。

(2) 思考発話の是非

数人のテスト参加者が、アプリ初回起動時のガイドを声に出して読みあげる様子が観察された。おそらく、その直前に受けた思考発話のお願いと練習の影響で、普段なら軽く流す程度にしか見ない部分を意識的に見て、読み上げることが求められていると誤解した結果と考えられる。

ユーザビリティテストでは思考発話法を使うのが当たり前と考えられがちで、今回も深い議論

のないまま思考発話をお願いすることになったが、この例のように「思考発話をしなければ…」と思う気持ちがテスト参加者にとっては負担になること、そちらに注力するあまり行動が歪んでしまう危険性があることなど副作用の存在を忘れず、思考発話法を使うべきか否かを必ず吟味することとしたい。

(3) タスク観察中のリアクション

　テスト参加者に対して失礼のないようにと気張るあまり、テスト参加者がタスクを行っているときにも頻繁に相づちを打っている様子が多数みられた。相づちと合わせて「はい」と言葉を添えてしまっている場合もあった。ユーザー調査でインタビューをしている場合にはそれでよい。相手の話にしっかりと耳を傾けていることを示す手っ取り早い方法が相づちを打ったり、合いの手を入れたりすることだからだ。ただし、ユーザビリティテストの場合は少し事情が異なる。テスト参加者がタスクを行っている最中の相づちは、期待どおりにタスクが進んでいることを暗に示すヒントになってしまいかねないし、テスト参加者が想定外の操作をしたときに、うっかり「え？」などと声を出せば、それはテスト参加者に自分のタスク操作をふり返るきっかけを与えることになるだろう。

　モデレーターを担った一人がふり返ったように、「モデレーターに必要なのは、もっと傍観者というか観察者の視点であり、テスト参加者に余計なことを喋らないことが大事」なのである。

　思考発話をしているテスト参加者は、独り言のつもりで発信しつつも、それに対して反応があれば聞いてしまう。横で様子を観察しているモデレーターが首を縦にふっているかどうかを目の端で捉えようとしてしまう。モデレーターの頷きからは、「期待どおりの操作をできているらしい」ことを察することができてしまうし、逆にモデレーターが首を傾けたり、横に振ったりすれば、テスト参加者は「何か間違えてしまったのかもしれない…」と予想してタスクの結果を見直したり、指示を待たずに操作をやり直したりといった行動をとってしまうかもしれない。

　モデレーターがもたらすこうした影響を最小限にしたい。そのためには、頷いたり、相づちを打ったりするのを極力控えることになる。極端なことを言えば、タスクの最中は終始、無言と無表情を決め込み、身じろぎもせずに、真顔で観察を続けることだ。どんなに驚いても顔には出さず、冷静に事実を記録しよう。テスト参加者のほうから同意を求めるような問いかけがあったときには、「ご自宅に一人でいらっしゃるときに、このアプリを触っているつもりでやってみください」「自分（モデレーター）はここにいないものだと思ってください」などと返答することになる。

(4) 指示代名詞を使った問い

　同じ質問を同じように投げかけたつもりでも、すんなり通じる相手となかなか通じない相手と

がいる。特に相手が高齢者になれば、通じにくいことが多くなる。

　たとえば今回、高齢のテスト参加者に対し「これを見ていたときと、今、実際に触ってみたときで印象が変わったところがありましたか？」と聞いたモデレーターがいた。その意図は、「タスクの冒頭でガイドを見ていたとき」と「その後、一連のタスクを行った後」でサービスに対する理解に違いがあるかどうかを確認することだったが、先の質問では、「これ」が指すものと「今」が指すものがわかりにくく、聞かれたテスト参加者も即答できずにいた。たとえばこの例では、「最初のこのガイドを読んで理解したり、想像したりした内容と、その後でこのアプリを使っていろいろと操作をしていただきましたが、何か理解が間違っていたことに気づいたとか、新しくわかったとかいったことはありますか？」のように、冗長になっても言葉を添えてあげることで、結果的には期待している回答への近道になる場合がある。

(5) 改善案を聞くべきか

　ユーザビリティテストの結果をクライアントに報告するときのことを想定し、テストではついテスト参加者に直接、改善案を聞きたくなってしまう。テスト参加者が使いにくい、わかりにくいと思った部分について「どうなっていてほしいですか？」と聞き、すんなり「もっと安心感が欲しい」「字を大きく見やすくして欲しい」と返答を得られるなら、それはそれで価値のある対話である。

　しかし、テスト参加者は作る側の目線を持っていない。安易な改善案をテスト参加者から直接得ようとすることには慎重であるべきで、しつこく改善案を聞き出そうとすれば、その場しのぎの適当な受け答えになってしまう危険もある。どうなっていればもう少し使ってみようという気持ちになりそうか、どのように使えればより嬉しいのか、少し探りを入れてみる程度で引き上げるのが妥当だろう。その加減は、慣れないうちは難しいかもしれない。原則としては、少しでも答えに窮している様子がうかがえれば「無理に絞り出さなくても大丈夫ですよ」と声をかけて早めに切り上げよう。ユーザビリティテストの結果を受けて、インタフェースの改善案を考えるのは作り手の仕事である。

(6) 使ってみて気づく使いにくさ

　今回、進行シートの作成は代表者が主に行うこととなった。つまり残りのモデレーターはその内容を把握しているとは言え、他者が作成した進行シートに沿って進行を行ったということだ。これが実際に行ってみると、いくつかの難点を抱えていることに気づいた。

　代表者が作った進行シートの出来が悪いということでは決してない。先述のとおり随所に工夫を凝らした進行シートが出来上がったのは確かだ。しかし、これを使った他者は次のような面に不便を感じることとなった。

・モデレーションをしながらふと進行シートに視線を戻したときに焦点を当てるべき場所を特定しにくい
・その場の判断でタスクや問いの順序を入れ替えた場合に、上記の問題が特に顕著になる
・節約してモノクロ印刷した場合、赤字の注意書きが機能しない

　ユーザビリティテストでは、進行シートから目を離す時間が長くなる。テスト参加者が操作をしている様子を観察しなければならないからだ。作成者としては十分に見た目の強弱にも配慮したつもりだったが、これを他者が使ってみると適切に視線を誘導するほどにはなっていなかったということだ。
　こうした事態を避けるには、モデレーター自身が進行シートの作成を担うのがベストである。しかし今回のように、複数のモデレーターで分担するケースも少なくない。その場合には、自分で自分のために作ったときと同じように使いやすい進行シートになっているかどうかを事前にしっかりと確認しながら読み込んでおくこと、意図がわかりにくいところは作成者に問い合わせるなどして準備を怠らないことが大切になる。

(7) 現場で見られたケアレスミス
　今回評価対象としたスマホアプリのように電池がなければ動かないものを評価しようとするときには、セッションの合間に充電しておくこと、予備の電池を用意しておくことなどは必須の準備事項になる。テスト参加者が到着してからいざ充電し忘れていたということに気づいたのでは遅い。最悪、充電ケーブルをつなぎながらテストを行うこともできなくはないが、そうした状態でスマホを扱うことの不快さは容易に想像できるはずだ。こうした絶対に忘れたくない準備事項は、進行シートに盛り込んでおこう。
　進行シートに記載があったにもかかわらず録画ボタンを押し忘れるというミスも発生した。人間にミスは付きものだが、防ぐ手立てはあるはずだ。先述のとおり、十分に気を配った進行シートを用意することの必要性を教えてくれる失敗のひとつである。
　録音や録画を早く止めすぎるのもちょっとしたミスと捉えられよう。テスト参加者にお礼を述べ、帰り支度を始めたのを見て、録音や録画を止めたものの、実際には対話が続き、そこで興味深い意見が聞かれたにもかかわらず音声としては記録し損ねてしまったからだ。止め忘れないようにと意識するのも大切だが、テスト参加者を見送った後でも遅くない。

3.6.7 分析
　ユーザビリティテストの結果を各モデレーターがスプレッドシートに書き込む作業から分析を

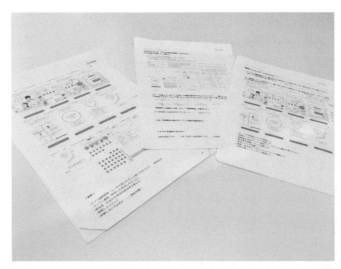

図3-19 モデレーターのメモ入り進行シート〜あまりメモを取れていない例（抜粋）

開始した。ユーザビリティテストを進行しながら、手元で漏れなくメモを取るのは非常に難しい。図3-19の例からもわかるとおり、慣れないうちはほとんどメモを取れないと覚悟をしておいたほうがよいだろう。

しかし、ユーザビリティテストの訓練を積んでいけば、貼り付けておいたスクリーンショットを活用しながら、図3-20のように要点を素早くメモすることもできるようになってくる。

ただし、メモを取ることに夢中になって観察が甘くなったり、テスト参加者の行動に合わせた動的な進行が疎かになったりすることのないよう注意しなければならない。メモをたくさん取ることよりも、前のセッションで聞き漏らした事象を追加で確認したり、適切なタイミングで真意を探る良い質問を繰り出したりできることのほうがモデレーターには重要なスキルである。裏で記録を取ることに専念しているチームメンバーがいる場合には、記録はそちらに任せて、モデレーターは進行に集中するという役割分担が望ましいだろう。とは言え、体制に余裕があるときばかりとも限らない。ゆくゆくはモデレーター自らが記録と進行の両方を滞りなく担えるように訓練を積んでいけるとよいだろう。今回は、データを書き起こす段階になってメモでは足りず、ビデオを見直したり、録音を聞き直したりといった作業を行うことになったモデレーターが多かった。また、メモをある程度取れたというモデレーターも、後で見返してみると「走り書きで読めない」「時系列がわかりづらい」「重要だと感じた気づきがどれなのか思い出せない」といった

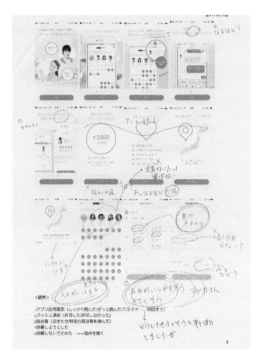

図3-20 モデレーターのメモ入り進行シート〜かなりメモを取れている例（抜粋）

問題に直面することとなった。こうした事態を防ぐには、進行シートを作る段階で工夫することに加え、テスト参加者を見送った直後、自分の記憶が鮮明なうちにメモの不足を補っておくことである。

　次のセッションが始まるまでの時間を利用して、重要な気づきには印をつけたり、マーカーで囲ったりしておく、ビデオで確認したいところにはそう書いておく（セッション後ではなく、進行しながらそのときの時間をメモしておけるともっとよい）、見返したときに読めそうもないほどの走り書きは修正しておくといった作業をしておけると、後の作業が随分と楽になる。

　メモの不足を埋める目的以上にビデオの見直しが必要になることが多いのは、各タスクの「達成／不達成」を判断するためだ。単に「できた」「できなかった」で割り切ることは実際には難しく、「迷ったができた」という中間判定を設ける場合が多い。この中間判定につながる「迷い」に相当するテスト参加者の行動を事前に想定して書き出しておくとよいのだが、網羅しようとするとこれがなかなか難しい。また、想定の範囲外へ飛び出して迷い続けるようなテスト参加者が現れたときの追跡の難しさは想像に難くないだろう。そうして追跡を記録し損ねた部分はビデオに頼ることになる。

ビデオの見直しをすると、実査中は気づかなかったことに気づくこともあり、分析や報告に備える作業として損することはない。また、自分の姿やテスト参加者とのやり取りを客観視することから得られる学びは大きく、モデレーターとしての上達を目指すならぜひ取り組んでもらいたい。意図せず誘導的な教示になってしまっていた部分はないか、タスクを観察する際の自分の挙動がテスト参加者にヒントを与えることになってはいなかったか、テスト参加者のミスや誤解にも敬意を持って寄り添えていたか、そんな視点で見直しを行ってみよう。

　さて、分析そのものの話に戻るが、各モデレーターがデータを書き込んだスプレッドシートをもとに、著者がポイントを集約したものが図3-21（P122-123に掲載）である。

各タスクの記入欄は、以下の3項目に分かれている。

・タスクの達成度
・観察された行動やテスト参加者の発話
・上記に対する考察

　事情があって実施できなかったタスクについてはその旨を記載し、発話に関しては、報告書へそのまま引用する可能性を考慮して「括弧」で括っておくルールになっている。また、報告書への記載につながり得るポイントを赤字にしたり、複数のテスト参加者に共通してみられる事象を書く欄（一番左にある"共通"の列）を設けたりといった工夫がみられる。

　達成度については、図3-22のようにグラフ化された。こうしてグラフ化することで、不達成に終わったテスト参加者が1名確認されたタスク3についての考察や、タスク1やタスク2でテスト参加者を迷わせることになった原因の究明などが必要になることがわかる。関連部分のデータを丹念に眺め、発生件数や発生したときの状況、その状態に対するテスト参加者の反応や感想などをまとめて報告書に記載することになる。

　エキスパートレビューで得られた仮説に沿った結果になっているかどうかといった視点でもデータを見てみよう。また、タスクがスムーズに達成されたからといって、その周辺に問題がまったくみられなかったとは言い切れない。エキスパートレビューでは気づかなかった点に対するテスト参加者からの指摘はなかったか、評価者の目をすり抜けた意外な問題点が発現するシーンはなかったか、データを見ながらテストの様子を思い起こすのだ。

実施日／場所			7/2 マミオン		
ID		共通	Ss1	Ss2	Ss3
性別			男	女	女
年齢			67	64	64
ITリテラシー／職業			中／会社経営	低／華道の先生、フラワーコーディネーター	高／ECプラットフォーム開発運用プロマネ
家族構成			妻55、娘二人。所有マンション内ではあるが実質別居。家事は一人でやっている。	母87（介護中）、主人66、次女36。	娘二人22
スマホOS／利用歴			iPhone7。iPhone4台目。	Xperia。2年くらい。	Android／スマホ歴7-8年くらい
スマホ使途			電話、メール、天気、株価、ニュース、検索、乗り換え、タイマー、辞書	家族とLINE、母と電話、生徒達とメール。SNSは時々見るだけ。検索、カメラ、天気、乗り換え。	LINE、検索、ポイントカード。SNSはあんまり。
家事代行利用経験			10年以上前にダスキン。実家では毎年クリーニング業者にアパート掃除を依頼。	なし	ない
家事代行利用意向			自分でやっていることをカジュアルに委託するというより、専門業者に依頼するような高度な内容をイメージしているケースが目立った。	普段の掃除はだいたい一人でやっているが、年末の大掃除などで窓拭きなどを頼みたい。男でがないので大きな家具の移動とか力仕事。年を取って億劫になったのはエアコンのクリーニング。	仕事＋介護で食事の用意が大変で関心は高まっている。	エアコンや洗濯機の掃除など、自分で分解などできないもの。
タスク1（初回起動、自由探索、依頼確認画面まで）	達成度		迷った	迷った	スムーズ
	行動、発話（ガイド）	シニア層はガイド中の画像をピンチアウトしがち（視認性不足か）	通知は不許可にしようとした。初回利用माイド内は声に出して読んだ（発話型指示のせいか？）8枚目の「全国の都市圏でサービス提供中」画面で地図は現在地マークをタップ。→「天気予報などのように選べるのかと思った」「郵便番号どこまで？3桁？7桁？」	・初回利用ガイド「あーなるほど。やりたい人がここにいるんですね」（マッチングサービスと理解）スクショをピンチアウトしようとした。（4枚目のチャット）	まずはおまかせ。一旦依頼画面から戻る。担当者をタップしてみても、カレンダーがかわるだけで頼める内容がわからない。ヘルプを参照「どのような家事の依頼ができますか、とみてみます」（記載内容を読み上げ）「実際、どういうことをどういう手順でやってもらえるか、これだけだとわかりづらいので、依頼までする勇気がでない。」
	行動、発話（メイン画面）	担当者を切り替えるごとのロード時間に不満。ロードが短くでも勝手にカレンダーが切り替わって欲しくないという声も。ガイドを追えてすぐに日付や担当者を選ぶUIに違和感。凡例が環境によって出たりでなかったりで、出ないケースだと意味が理解できない。	・ホーム画面「日付と担当を選ばなきゃないとなんだけど、これなんの代行？」「おまかせ」をタップしても何も起きないので2回押し		「これはすぐに日にちを入れろということかな？ちょっとわかりづらいけど入れてみます」デフォルトで13時からになってしまい戸惑う。「おまかせだから？！」「うーーーーーん」「ちょっとログインして依頼するには、なにを依頼できるんだろう？」メイン画面に戻る。
	行動、発話（依頼画面、確認画面）	いきなり時間が13時に設定されていることに戸惑う。依頼内容記入欄が見落とされがちで、かつ依頼の流れが明確になっていない為、初回時点では依頼実行まで行きづらい。予定作業時間を自身で見積もることに違和感、不安。	・確認画面「繰り返し依頼しない」をタップ、反応しない→よくわからなかった・登録誘導画面でピンチアウトしようとした（写真がよく見えず）「全体的に色が薄い。老人にはもう少し濃くしたいと思う」「終了時間が指定できない？」「グレーの文字は読めてます？→「つらいです」	・依頼画面「あれ？時間変えたい時は？」→自力で解決「繰り返し依頼にしない」の上の文字が薄くて読めません」・確認画面「通知を二日前にしたいんだけどどうすればいいんでしょう？」何度もタップするが確認画面なのでできない。	
	考察	全体的に文字色が薄く老眼に厳しい。全体に触れる部分かどうせないかがはっきり見分けられないために起きている部分が大きい印象。	全体にタップ可能でない箇所をあちこちタップしていた。視認性に難があり、途中でiOSのアクセシビリティ設定を普段の設定に倣い「太字にする」などにしたが、あまり改善を感じなかった。	確認画面で問題を発見しても、画面が違うので直せない、ということに気付かない。入力画面と確認画面で配色などによる差別化がされていないのでモード違いを認識できない。	基本操作は理解していたものの、「水回り」という言葉でどこまでの作業を含むのか読み取れず不安を抱えたまま。アスキングによると依頼画面の家事内容記入欄は気付いてはいたとのこと。また事後アスキングの段でチャットによるやりとりができるイメージはなく、アプリ上で依頼一発完了すると思っていたと判明。

図3-21 分析作業をするために活用したテスト参加者別サマリーの抜粋（付録B参照）

	7/5 メンバーズ		7/6 メンバーズ	
	Ss4	Ss5	Ss6	Ss7
	女	女	男	男
	28	34	36	31
	広報		Webサイトディレクター	Webエンジニア
	主人33	夫34	妻38	妻32
	IPhone7 前は5s	iPhone	iPhone。4からずっと。	Xperia SOV33 スマホ歴10年くらい
	メール、SNS、ゲーム、Hangout、Google+、音楽	通勤中など LINE、Facebook Messenger、Yahoo関係、Googleマップ、まとめ、ニュース	Googleマップ、カメラ、メール	電話、LINE、Googleアシスタント、gmail、サモナーズウォー、Facebook（見るだけ）、Instagram、Googleニュース、Yahooニュース
	なし	なし	今は事足りているが、料理を作ってくれるとかエアコン掃除とか家まるごと掃除とか、専門性の高いものは関心がある。	なし。自分でやっちゃう。料理するのも好き。
	ものが多いので片付けは頼んでみたい。頼むとしたら検索、知人に聞く。家事を頼むということは抵抗あるのでFacebookとかで広くは聞きづらい。	関心はある。掃除。Webで探す。会社としてはダスキンとかのイメージ。	汚れがひどくなったら。窓とか。ベランダの片付けとか頼めるのだろうか？	もし頼むなら、掃除、洗濯、買い物、子供や祖父母の送迎
	スムーズ	スムーズ	スムーズ	スムーズ
	通知不許可 ・ガイド確認 チャットできること、価格体系、都市圏のみであることなどを声に出して確認。 「自動マッチング」→「面白そう。AIによるなもの？」（事後A） 「(自分の)郵便番号がうろ覚えだったので、正しかったのか確認できなかった」 メイン画面遷移後、サイドバーの自分のアイコンの中に出てないか探し、エリア名を発見した。	「安そうな感じがするけど他を知らないから判断できないな。時間でどれくらいのことができるんだろう？」		「少し起動に時間かかる感じ」 ・ガイド 「チャットで直接やりとりができる。なるほど」 「評価をつけられる。すごいな。結構面白いなぁと思います」 郵便番号「ハイフンは入力した方がいいですか？」
	・メイン画面 郵便番号を入力しただけですぐ（トップ画面が）出てきた意外だった（ポジティブ）。「もっとややこしい登録画面が出たりすると思った」 ハンバーガーをあけてログインやクーポン画面などを確認。 「おまかせ」選択。「特に判断できないので」人が切り替えられることを発見。「ちょっと時間かかりますね。「青だったり黄色だったり)	「黄色がなんなんだろ？グレーが選べないってことな気がします」（凡例出てない） 「顔写真があった方が安心できるしなんとなく年齢推定できると、ベテランぽく」 「人別は確かにわかりやすいけど、点数別でいいのかも。まぁ、結局高い人から選びますよね、、」	・ホーム画面 「急に選ばなきゃいけないんですね？どの人がいいかとか選びたいんですけど、、」 「もう少しサービスの内容が知りたいんですけど、どこにあるんだ？」 →ハンバーガーメニューで利用ガイド →「よくある質問」「アプリの中で見たかったですね」 「黄色が、、どこが空いている色なのかって、頼んでいいのかわかりにくいですね」 「DMM（英会話）の時もお試しで試して会員になったので、一回は試してみると思います」	・トップ画面 「担当者切り替える時の読み込みが遅い。ストレス。もどかしい」 凡例に気づいて理解
	・依頼画面 「おまかせって人がおまかせって事ですかね」 「子供の世話はないんですね」 自由記入欄に気付いた。 「操作性には違和感ない。見やすい」。 条件絞り込みも発見。 ハンバーガーからログイン画面を出そうとして、ガイドにいってしまい、スキップできなくて戸惑った。	時間指定OK （申し込んだ理由？） 今の段階で情報がすくなく、先がどんな画面か確認したかった。	・依頼画面 時間の再選択OK 依頼内容を選択（Submitボタンが有効化） 「あ、これで依頼できるんですね」 コメント欄も気付いた入力した。 「不在の対応、興味はあるんだけど、どうしたらいいかよくわからないですね」 「（作業）時間って、自分で見積もらなきゃいけないんですね」	・依頼画面 1日しか指定できなくて驚いた 自由記入欄書き込み 「繰り返しの依頼」はよくわからないのでそのまま」 予定時間が自分で選べるのもわからないがとりあえず入力 ・確認画面 間違えて遷移してしまい、戻った。 ・アスキング （あやかさんを選んだ理由？） 掃除なら元気よさそうな人がよかった。サムネイルだけで、それしか手がかりがなかった。お年を召した方への依頼は印象がよくない。この人がなにが得意かはわからなかった。（プロフィールに気づいてない）
	多少予想外のこともあったが、操作としては問題なく完遂できた。 （情報が足りないところはあった？）	自分で入力した郵便番号が、本当に正しい住所を示しているか、操作フローの中で確認できないまま進んで不安を覚えた。途中かなり気にしており、サイドバーの「エリア」表示は見つけた。入力直後に自動識別した住所を表示すると良いのでは。 「点数別」というのは、「☆5つの人からおまかせ」のような指定の仕方と思われる。	初回起動時点では、「眺めてよかったら頼んでみような位の気持ち」だったが、いきなりカレンダーから日にちも選ぶUIで戸惑った。それよりもサービス詳細について知りたかった。 ガイドにあった「評価」から、自分が利用経験のあるDMM英会話での評価（レーダーチャート？）のようなものを期待して探した。	

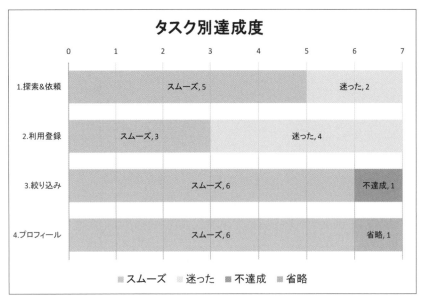

図3-22 タスク別達成度のグラフ

3.6.8 報告書作成

分析の結果、図3-23のとおり6項目について詳細に報告することとした。

ID	部位	タイトル	致命度	要素
1	ガイド、トップ	利用イメージ、情報の不足	A	情報提示
2	入力フォーム共通	サブ入力画面からの戻り方の違和感	C	ナビゲーション
3	入力フォーム共通	タップ可能箇所の判別困難	C	画面デザイン
4	入力フォーム共通	シニア層における視認性不足の指摘	A	画面デザイン
5	トップ	担当者選択時のカレンダーリロードの不満	B	ナビゲーション
6	トップ	カレンダー凡例欠如による色分けの理解困難	C	画面デザイン、バグ

図3-23 ユーザビリティテストで確認された問題点サマリー（報告書より転載）

致命度は、以下の基準で付与されている。

A. サービスの印象を落としたり、離脱につながったりする恐れのある致命度の高い問題
B. 習熟後も継続的に不便や非効率性を感じる可能性がある問題
C. 導入時に戸惑いを感じたり、困ったりする可能性がある問題

図3-24 報告書のスライドからの抜粋（原本は附録参照）

　報告書の全容は巻末の付録のとおりだが、致命度がAにランクされているID4の問題点について記したスライド（図3-24）を代表してここで紹介する。

　問題点を報告するスライドには、以下のような内容を含む必要がある。

- ユーザビリティテストで確認された事実（問題点）の記載
- 関連する部分を含む画面のスクリーンショット（画面がある場合）
- 致命度のランク
- 問題点に対する考察と改善提案

　また、報告書に記載された内容に加えて、依頼主の多くはユーザビリティテストの際のテスト参加者の雰囲気や熱中度合いなど、間近で接するからこそ得られるモデレーターの所感などを求めるものである。テスト参加者の協力を得て実施したユーザビリティテストの結果を受けて、しっかりと改善につなげていただくためにも、報告会の実施を検討しよう。今回もDMM.com様の関係各位へ略式ではあるがご報告する場を持たせていただいた。報告会の直前には、ID5として報告内容に含めていた「担当者選択時のカレンダーリロードの不満」についての改善が施された旨の通知があった。

　本稿執筆中の2018年9月、本サービスは残念ながらサービス終了となってしまったものの、評価対象アプリの提供に対し、改めてお礼を申し上げ、本章を締めくくるものとする。

第4章
質問紙法

　この章で扱う質問紙法は、第3章で述べたようにユーザビリティテストにおいて利用されることもある。ここでは、SUS、SUPR-Q、NPS（ネットプロモータースコア）、QUIS、WAMMI、Web Usability Scale、Product Reaction Card、SD法、AttrakDiffについて説明している。なお、質問紙法は、調査時点でのユーザーの気持ちを評価するものであるため、そのすべてが第5章で説明するリアルタイム法に属していると考えることもできる。

ユーザビリティテストでは、発話記録や行動記録のような定性的データと、ゴールまでの到達時間やエラー率などの定量的なデータを得ることができる。しかし、発話記録以外は基本的にユーザーの外面にあらわれた情報であり、ユーザーがどのようなことを考えていたかという内面の情報は、それが発話に反映されないかぎりテスト実施者の側では手に入れることができない。たとえば、全体としてどの程度の満足度を感じていたのかとか、対象となる機器やシステムにどのような感性的イメージを持っていたかといった情報である。

それらの情報については、テスト終了後にインタビューを行って聞くこともできるが、質問紙を渡してそれに回答してもらうというやり方もある。質問紙のメリットとしては、すべてのユーザーから同じ設問に対する回答が得られるため、対象間の比較が可能になること、定量的に把握して統計的な処理を行うことも可能になることがあげられる。

既存の質問紙法は、評価尺度になっているものが多いが、ここではSUS、SUPR-Q、NPS、SUMI、WAMMI、Web Usability Evaluation Score、AttrakDiff、Product Reaction Card、そしてSD法について紹介する。このうち、比較的よく使われているのは、SUS、NPS、SD法あたりである。欧米ではAttrakDiffもよく使われているようである。

4.1 ブルック(1996)のSUS

SUS（サスと発音する）とはThe System Usability Scaleの略であり、ユーザーによって知覚されたユーザビリティを測定する尺度である。ブルック（Brooke 1996）は、50個の予備項目をリッカート法（シグマ法ではなく簡便法によるものと思われる）で処理して10項目からなる評価尺度を開発した。尺度は公開されており、すでに600以上の文献に引用されている。日本語の標準版はまだできていないが、いくつかの企業のユーザビリティ部門で独自に翻訳したものが使用されているようである。

その項目は以下のとおりである。
1. このシステムを頻繁に利用したいと思う
2. このシステムは必要以上に複雑だと思った
3. このシステムは容易に使いこなせると思った
4. このシステムを利用するには専門家のサポートが必要だと思う
5. このシステムにあるいろいろな機能はよくまとまっていると思った
6. このシステムには一貫性のないところが多すぎると思った

7. たいていの人は、このシステムの使い方をすぐに理解すると思う
8. このシステムはとても扱いにくいと思った
9. このシステムを利用する自信がある
10. このシステムを使い始める前に多くのことを学んでおく必要があると思った

　これらの項目に対して、「とてもそうは思えない」(strongly disagree)を1とし、「とてもそう思う」(strongly agree)を5とし、中間に2,3,4をおいた5段階のカテゴリーで回答を求める。回答が困難な場合には3を回答する。

　この10項目の質問は奇数項目が肯定形、偶数項目が否定形に作られているので、奇数項目1,3,5,7,9の点数が高いのと、偶数項目2,4,6,8,10の点数が低いのは評価が高いことを表している。そこで、奇数項目の得点から1を引き、偶数項目は5から評価点を引くと1項目の最高点が4点になり、10問合計で40点満点になる。これを、最高点が100点になるようにするために2.5倍する。これがSUS得点となる。

4.2.1 得点の解釈

　得点の解釈の仕方については詳しく説明されていないが、サウロ (Sauro 2011) は、彼が500件のユーザビリティ評価について5000人以上の被調査者から取得したデータを分析したところ、信頼性についても妥当性についても適切なユーザビリティ評価尺度であることが確認されたと述べている。その報告書の内容を一部紹介すると、以下のようになる。

　全体スコアの平均は68点であった。したがって、SUSの得点 (粗点) が68点よりも高ければユーザビリティは良く、それよりも低ければユーザビリティが悪いといえる。平均が50点にならなかったのは、尺度値の処理にシグマ法を用いなかったためと思われるが、判断基準を設置するときには68点にするように注意が必要である。同様に、SUSの粗点は0から100になるが、それはあくまでも粗点なので、その得点による評価にあたってはパーセンタイル変換が必要となる。

　図4-1は、SUSの粗点とパーセンタイル得点の関係を表している。これは、横軸の粗点の低い人から順番にサンプルとなった人達の人数を並べてゆき、縦軸の全体での比率 (パーセンタイル) をプロットして描いたグラフである。このグラフによると

　　　Aランク　粗点が81点以上、100点まで　優に相当
　　　Bランク　粗点が74点以上、80点以下　良に相当
　　　Cランク　粗点が68点以上、73点以下　可に相当
　　　Dランク　粗点が51点以上、67点以下　不良に相当
　　　Fランク　粗点が50点以下、0点まで　不可に相当

といった形になる。なお、Eが抜けているのは、このランク付けがアメリカの学校での成績評価 (A,

B, C, D, F)を参考にしていたからと思われる。

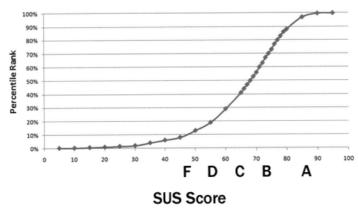

図4.1 SUSの粗点(横軸)とパーセンタイル順位(縦軸)の関係 (from Sauro 2011)

a. SUSの妥当性や信頼性

　総じてSUSの項目は知覚されたユーザビリティを評価しているものといえるが、ルイスとサウロ (Lewis and Sauro 2009) は、因子分析の結果から、項目4と項目10は特に学習しやすさに焦点を当てており、他の8項目とは若干異なっていることを明らかにしている。ただし、学習のしやすさもユーザビリティの一つの側面と考えられるので、このことは大きな問題とはいえない。

　また、複数回測定した場合の評価値の安定性を示す信頼性についても、その測定内容がユーザビリティに関わるものかという妥当性についても、SUSは適切な評価尺度といえる (Sauro 2011)。

　ただし、SUSは全体としてのユーザビリティ評価値を求める手法であり、どこにどのようなユーザビリティの問題があるかを診断する手法ではない。この点については注意が必要である。

　SUSを開発したブルックは、SUSのことをquick and dirty (安価にできるとか、質の悪い、という意味の慣用句) 尺度と呼んでいるが、サウロは、統計的な検討の結果から、dirtyだなんてとんでもない、と評している。

4.2 サウロ(2015)のSUPR-Qとライヒヘルド(2003)のNPS

　SUPR-Q (スーパーキューと発音する) は、Standardized User Experience Percentile Rank Questionnaireの略であり、ウェブサイトのUXを評価する8項目 (旧版では13項目) からなる質問紙調査法である。サウロ (Sauro, J.) が興したMeasuringUという企業によって2015年に開発された。究極的には満足度に関係してくるが、個別にはユーザビリティ、信用性、ロイヤルティ、外観という4つの側面からサイトを評価する (Sauro 2015)。粗点から多数のウェブサイト (200サイト) を母集団としたときのパーセンタイル得点が得られ、他のウェブサイトとの相対評価が得られる。(https://measuringu.com/product/suprq/)。

　なお、SUPR-Qカルキュレータと呼ばれるソフトを使ってパーセンタイル得点を知ることのできるフルライセンスは有料で3000ドルから5000ドルするが、そもそも比較対象となっているサイトはおよそ9割がアメリカのサイトであり、質問項目は公開されていて、利用することも認められていることから、日本では質問項目と粗点だけを利用するという使い方が考えられる。

　質問項目は以下の四つの側面から構成されており、ロイヤルティの一つの項目 (ここでは項目5) を除いて、strongly disagreeからstrongly agreeまでの5段階評価を行う。実施に際しては、各項目をランダマイズして提示するが、先ほど除外したロイヤルティの項目は11段階評価で8番目、つまり最後に提示する。この項目が後述するNPSである。また、「このウェブサイト」という表現を「○○会社のウェブサイト」というように具体的名称を入れて実施することが望ましい。

(1) ユーザビリティ
1. このウェブサイトは使いやすい
2. このウェブサイトの中をあちこち移動するのは簡単だ
(2) 信用性
3. このウェブサイトにある情報は信ぴょう性が高い
4. このウェブサイトにある情報は信頼できる
・eコマースサイトの場合には、「このサイトから買い物をするのは快適である」も使える
・eコマースサイトの場合には、「このサイトなら自信を持ってビジネスができる」も使える
(3) ロイヤルティ
5. あなたはこのウェブサイトを友人や同僚に推奨することがどの程度あると思いますか
6. 将来もこのウェブサイトを訪問することがあるだろう

(4) 外観

7. このウェブサイトは魅力的だ
8. このウェブサイトはスッキリして単純な構図に見える

　採点にあたっては、最後のNPS得点を半分にして全8項目を平均する。これがSUPR-Q得点となる。
　SUPR-Qは粗点だけでも利用できるが、信頼性や妥当性についてきちんと検証されているので、ライセンスを購入してパーセンタイル得点を知るようにするのもよいだろう。

　さて、SUPR-Qに項目の一つとして組み込まれているNPSは、Net Promoter Scoreの略である。なお、ここでNetはネットワークの意味ではなく、「正味の」という意味である。ライヒヘルド (Reichheld 2003) が提唱した手法 (http://www.netpromoter.comを参照) で、元々はカスタマーロイヤルティ (customer loyalty) と将来の購入行動を調べる尺度だったが、企業経営者にも理解しやすい指標であるため現在では幅広い目的で利用されている。カスタマーロイヤルティは、顧客ロイヤルティとも呼ばれ、顧客がどの程度対象となる企業やサービスに愛着を持っているかを意味する概念で、継続的な商品購入やサービスの利用、他人への推奨、企業との結びつきのためには出費や時間の消費をいやがらない、などの形で現れるとされる。なおloyaltyという単語は忠実とか忠誠という意味の単語であり、特許使用料を意味するroyaltyとは違うこと、royaltyの方はロイヤリティと表記されることが多いが、本当は正しい発音ではないことに注意すべきである。
　顧客満足度は、一般には「あなたは、この製品 (あるいはサービス、企業、ブランド) についてどの程度満足していますか」という設問に対して得られた5ないし7段階の評定尺度値の平均として得られるが、それと比較して、NPSは対象に対する感情的な関与度が高いといえる。また顧客満足度は、現在の満足度をあらわす指標ではあるが、それが直接継続的購入に結びつく必然性はないため、売り上げに注目するならば顧客満足度の指標よりはNPSが適しているといえる。反対に、人間中心設計の立場からは、ユーザーが現在どれだけ満足しているかが問題であり、継続的な売り上げについては必ずしも注目していないため、NPSより顧客満足度の指標のほうが適しているといえる。
　NPSには「あなたはこの製品を友人や同僚に推奨することがどの程度あると思いますか」という、たった一つの設問しかない。「製品」の部分は、調査の目的によって企業となったり、サービスとなったりする。回答は0 (Not at all Likely) から中点の5 (Neutral) を経て10 (Extremely Likely) までの11段階で、次の三つに分類される。

　　　推奨者 (9〜10の場合)

中立者ないし消極的反応者（7〜8の場合）

　　　批判者（0〜6の場合）

　複数の顧客に調査を行ったうえで、推奨者（Np）のパーセンテージから批判者（Nd）のパーセンテージを引くと、その値は-100%から100%まで分布するが、それがNPSである。パーセンテージを計算する分母Nは全員の人数でNpにもNdにも共通なので、実際には

　　　（Np − Nd）／ N

で計算すればよい。

　なお、NPSについては、せっかく11段階でデータを得たのに、それを3分類して一つの指標にまとめていることから、もともとの11段階の尺度の感受性を損なっているという批判もある。なお、サウロによると、NPSとSUSの得点の間には0.623という比較的高い相関があり、両者の間には

　　　NPS = 1.33 + 0.08 SUS

という関係が認められたという。また、NPSでは他人に推奨するという社会的な場面におけるロイヤルティの表現を利用しているため、当然被調査者の社会的ネットワークの広さや強さ、あるいは友人への態度などの影響を受けると考えられるが、そのあたりの変数の影響についてはサンプルサイズを大きくすることで相殺されると考えてよいだろう。

4.3 シュナイダーマン（1998）のQUIS

　QUIS（クイズと発音する）とはThe Questionnaire for User Interaction Satisfactionの略である。最初に公開したのはチン他（Chin et al.1988）だが、その後、シュナイダーマン（Shneiderman 1992, 1998）の著作に掲載され、そちらが有名になっている。日本においても、1992年版が1993年に翻訳出版され、日本語で利用できるようになっている。

　評価シート（Ver. 5.0）には、簡易版と詳細版があり、評価対象システムやコンピュータの利用経験に関する質問の後に、システム全体の使用感について6項目、画面について簡易版では4項目、詳細版では9項目、用語とシステム情報について簡易版では6項目、詳細版では17項目、学習について簡易版では6項目、詳細版では22項目、システムの能力について簡易版では5項目、詳細版では16項目がリストされており、それぞれに8段階+1（未適用の場合）で回答するようになっている。回答の尺度は「ひどい-すばらしい」「不満-満足」「つまらない-楽しい」のように項目ごとに異なっている。具体的な設問については上記の著作を参照していただきたい。

心理尺度としてのチェックについては、Chin et al. に150人を対象にした結果が掲載されている。クロンバック（Cronbach）のα係数は0.94、項目間のα係数は0.006、平均値は4.72から7.02の間であり標準偏差は1.67から2.25であり、心理尺度として適切といえることが報告されている。

4.4 キラコウスキー他（1998）のWAMMI

　WAMMI（ワンミと発音する）とはWeb Analysis and MeasureMent Inventoryの略である。キラコウスキー他（Kirakowski, Claridge, and Whitehand 1998）で提唱され、キラコウスキーとシェルリック（Kirakowski and Cierlik 1998）に適用事例が紹介されている。ウェブサイトのユーザビリティ評価の目的で開発され、60項目から構成されている。次の5つの因子が含まれている。

(1) Attractiveness: サイトに対する好みの程度。サイトを使っていて快適かどうかといった内容。次のような項目によって測定される。

　　This web site is presented in an attractive way.
　　You can learn a lot on this web site.

(2) Control: ユーザーが「管理されている」と感じる程度。簡単にナビゲーションができるかとか、サイトが処理していることについて情報が与えられているかといった内容。次のような項目によって測定される。

　　Going from one part to another is easy on this web site.
　　I feel in control when I'm using this web site.

(3) Efficiency: サイトに探している情報があるかどうかという印象とか、適切な速度で処理しているかとか、ブラウザに適合しているか、といった内容。次のような項目によって測定される。

　　You can find what you want on this web site right away.
　　This web site works exactly how I would expect it to work.

(4) Helpfulness: 情報を見つけたりナビゲートしたりすることで、ユーザーが問題を解決できると感じられること。次のような項目によって測定される。

　　This web site has not been designed to suit its users.
　　All the parts of this web site are clearly labeled.

(5) Learnability: はじめて来たときにもサイトを使えると感じられたかどうかとか、使い始めた

ときに、他の機能を使ったり他の情報にアクセスしたりすることができると感じられたかどうか。次のような項目によって測定される。

All the material is written in a way that is easy to understand.
It will be easy to forget how to use this web site.

なお、アカデミックユーザーには特典があるが、一般には有料であり、全項目は公開されていない。また、日本語版は刊行されていない。

4.5 イード・富士通のWeb Usability Evaluation Scale (2001)

仲川他(2001)は、ユーザーの主観的満足度を定量的に把握する目的で、まず、ウェブサイトのユーザビリティ評価に関する59の項目を抽出し、5段階評価によってテスト参加者ごとに6サイトを評価させる調査を実施し、その結果を因子分析して累積寄与率が50%を超える段階で7つの因子を抽出した。その因子構造に基づいて21項目を選択してWeb Usability Evaluation Scaleとした。

1. 好感度
・このウェブサイトのビジュアル表現は楽しい
・このウェブサイトは印象に残る
・このウェブサイトには親しみがわく
2. 役立ち感
・このウェブサイトではすぐにわたしの欲しい情報が見つかる
・このウェブサイトにはわからない言葉が多く出てくる(反転項目)
・このウェブサイトを使用するのは時間の浪費である(反転項目)
3. 信頼性
・このウェブサイトに掲載されている内容は信用できる
・このウェブサイトは信頼できる
・このウェブサイトの文章表現は適切である
4. 操作のわかりやすさ
・このウェブサイトの操作手順はシンプルでわかりやすい
・このウェブサイトの使い方はすぐに理解できる
・このウェブサイトでは、次に何をすればよいか迷わない

5. 構成のわかりやすさ
・このウェブサイトには統一感がある
・このウェブサイトはメニューの構成がわかりやすい
・自分がこのウェブサイト内のどこにいるのかわかりやすい

6. 見やすさ
・このウェブサイトの文章は読みやすい（行間、文章のレイアウトなど）
・このウェブサイトの絵や図表は見にくい（反転項目）
・このウェブサイトを利用していると、目が疲れる感じがする（反転項目）

7. 反応の良さ
・このウェブサイトでは、操作に対してすばやい反応が返ってくる
・このウェブサイトを利用しているときに、画面が正しく表示されないことがある（反転項目）
・このウェブサイトを利用しているときに、表示が遅くなったり、途中で止まってしまうことがある（反転項目）

　このように各カテゴリーに3項目ずつ含まれているので、全体では7カテゴリーで21項目ある。カテゴリーには、ここに挙げた好感度、役立ち感、信頼性の他に、操作のわかりやすさ、構成のわかりやすさ、見やすさ、反応の良さ、が含まれている。
　利用にあたっては、21項目を5段階で評定させ、それぞれのカテゴリーに含まれる3項目の粗点の合計を得点とする。反転項目については、その粗点を6から引いて得点とする。7つのカテゴリーに関する得点の平均点を総合点とする。なお、ネット調査では500サンプル以上を集めることが、会場調査では50サンプル以上が推奨されている。

4.6 Product Reaction Card（Microsoft）

　ベネデックとマイナー（Benedek and Miner 2002）によって開発されたProduct Reaction Cardは、マイクロソフトで作成されたもので、なかなかつかみどころがはっきりしないインタフェースの主観的側面を把握するための評価語のリストである。これは、「望ましさ」のような主観的な側面を明らかにするための評価指標として考え出されたもので、全部で118個の評価用語から構成されている。以下がそのリストである（Tullis, T.S. and Stetson, J.N. 2004より）。

4.6 Product Reaction Card (Microsoft)

表4-1 Product Reaction Cardの118個の評価用語（from Tullis and Stetson 2004）

便利な	親しみやすい	遅い	優位に立っている	友好的な
忙しい	簡単な	個人的な	混乱させる	精神的に疲れる
楽しい	うんざりさせる	革新的な	有益な	割り切りすぎた
力を与えてくれる	使いものになる	古い	複雑な	見当違いの
古くさい	退屈な	進歩的な	恩着せがましい	意味のある
はっきりした	柔軟な	洗練された	効果的な	難しい
アクセシブルな	時間の節約になる	ビジネスライクな	技術的にすぎる	直感的な
組織化された	静かな	混乱をひきおこす	速い	一貫性のある
コントロールできる	イライラさせる	使いやすい	期待に添った	力強い
新奇な	心地よい	近づきやすい	協力的な	気を散らすような
苛立たしい	魅力的な	効率的な	平凡な	高品質の
価値のある	邪魔になる	壊れやすい	関連性のある	威圧的な
独創性の乏しい	ワクワクする	望ましい	圧倒的な	危険のない
予測可能な	恐ろしい	胸に訴えかける	清潔な	理解できる
維持管理しにくい	包括的な	洗練されてない	型にはまらない	努力を要しない
心を奪う	愉快な	大胆な	楽観的な	熱烈な
カスタマイズできる	時間のかかる	安定した	魅力的でない	刺激的な
価値がない	妥当な	一貫性のない	認めざるをえない	信頼に足る
専門的な	互換性のある	理解のにぶい	有用な	望ましくない
安定していない	信頼できる	統合された	まとまりのない	エネルギッシュな
人を引きつける	やる気をおこさせる	品質の悪い	印象的な	予測できない
使いにくい	効果のない	創造的な	制御できない	新鮮な
すぐ反応する	基本的な	満足できる	例外的な	
非人間的な	感激させる	近づきがたい	融通のきかない	

　評価用語はあまりに類似したものは除外し、ポジティブなものだけでなく、ネガティブなものも含むようにしてバランスがとれたものになるように選定してある。それぞれの評価用語はカードに印刷されている。

　使い方としては、製品の新バージョンができたときに、旧バージョンと比較をして、任意のカードをどちらに付けるか、それとも使わないかを決めてゆく、といった簡単なものである。選ばれた評価用語のうち、ポジティブなものが何パーセントあるかという定量化もできる。どこまでマイクロソフト社のなかで本格的に利用されているのか不明だが、そのユニークさには評価すべき点があり、日本語について同じようなものを作成して利用するのもよいだろう。ちなみに上のリストは本書における試訳ではあるが、日本語の単語間での重複をなくしてあるので、そのままでも利用できる。

4.7 SD（Semantic Differential）法

　SD法のSDの部分はSemantic Differentialの略で、概念やイメージの微細な意味の違いを明らかにする方法とでもいった意味である。その意味で、意味微分法という訳語があてられたこともあったが、現在では日本でもSD法で通用している。

　もともとは、言語心理学者のオズグッド（Osgood 1952）が概念の意味を測定する治具として開発したものだったが、イメージの感情的な意味を形容詞によって表現できるという利便性から、マーケティング、官能評価、感性工学などの領域で頻繁に利用されている。

　一般的な実施法は、まず評価を行うための形容詞を集めることから始まる。4.8節のAttrakDiffのようなものもあるが、一般的に言えば標準的な形容詞のセットというものがあらかじめ用意されているわけではなく、評価対象の特性によって使われる形容詞は異なる。ではどのような形容詞がよいかというと、複数の評価対象の間で評価値に差のでそうなものがよいといえる。つまり評価値の標準偏差が大きく、弁別力のある尺度がよい。逆に言えば、用意した評価対象の間にほとんど差がない形容詞尺度では、使う意味がないからである。もちろん、実際にどのくらいの弁別力があるかは調査を実施してみなければわからないから、SD法を利用した過去の関連研究を調べて、そこから採用する尺度を選ぶのもよい方法である。

　一般には反対の意味を持つ形容詞のペアを選ぶ。「熱い-冷たい」「大きい-小さい」「美しい-醜い」といった具合である。「非常に熱い」から「非常に冷たい」までの間を5から7段階で評価させるわけである。これを両側尺度と呼ぶ。ただ、人間の感覚や感性、感情には両価性（ambivalence）というものがあり、嫌いだけど好きでもある、といったことがある。また、甘いと塩辛いは甘辛の味つけというものがあるから相互に反対の意味ではない。このようなことから著者は、たとえば好きという評価尺度について「まったくそう思う」から「まったくそうは思わない」までを5から7段階で評価させる片側尺度の採用を推奨している。なお、「大きい-小さい」のような両側尺度は、基本的に同じ属性について反対方向の評価を求めているので実質的に片側尺度と同等である。問題になるのは「好き-嫌い」のような場合である。また、「非常に」「かなり」「やや」「どちらともいえない」「やや」「かなり」「非常に」のような言語表現で程度を表現してもよいが、言語表現は左右両端にだけ与えて、中間は単なる点や数字にしておく方法もある。なお、評価尺度の総数は両側尺度の場合10から20、片側尺度の場合、その倍くらいにしておく。

　また、調査参加者には、だいたいどのくらいの範囲の刺激が提示されるのかをあらかじめ知っておいてもらったほうが評価値が安定するので、調査を開始する前に、全刺激を一通り提示しておくのがよい。

厳密には、どの尺度のあとにどの尺度で評価するかという順番によって評価値が影響を受けるという順序効果があるので、評価対象ごとに評価尺度の順番を入れ替えたり、両側尺度の場合に左右を入れ替えたりするのがよいが、集計が煩雑になるので、実際にはあまり行われていない。ただし、手作業でなくコンピュータを利用して実施する場合には、その点を自動的に処理できるので、入れ替えを行ったほうがよい。

調査シートは次のような形になる。これは両側尺度の場合である。

表4-2 SD法調査尺度の例（両側尺度）

美しい	5	4	3	2	1	醜い
柔らかい	5	4	3	2	1	堅い
嫌い	5	4	3	2	1	好き
動的な	5	4	3	2	1	静的な
安定した	5	4	3	2	1	不安定な
弱い	5	4	3	2	1	強い
熱い	5	4	3	2	1	冷たい

同じ内容を片側尺度にしたのが次の例である。

表4-3 SD法調査尺度の例（片側尺度）

	全くそう思う				全くそう思わない
美しい	5	4	3	2	1
柔らかい	5	4	3	2	1
嫌い	5	4	3	2	1
動的な	5	4	3	2	1
安定した	5	4	3	2	1
醜い	5	4	3	2	1
弱い	5	4	3	2	1
熱い	5	4	3	2	1
静的な	5	4	3	2	1
強い	5	4	3	2	1
堅い	5	4	3	2	1
不安定な	5	4	3	2	1
冷たい	5	4	3	2	1
好き	5	4	3	2	1

評価作業が終わって、各刺激に対する各尺度の平均値や標準偏差が求まったら、平均値をもとにして、同じ刺激に関する評価値を複数の尺度の上に配置して線で結んだプロフィールを作

成する。このプロフィールによっておおよそのイメージはつかめるので、ここで処理を終了してもよいが、このデータを元に因子分析や主成分分析を行うことも多い。これらの多変量解析の手法を使うことにより、類似した尺度が含まれていた場合には、それらの情報をまとめてしまうことができ、元々の尺度数より少ない因子数で結果を説明できるからである。

4.8 AttrakDiff

　AttrakDiff（アトラクディフと読む）は、ユーザーがシステムに対して抱く印象を評価する尺度であり、ハッセンツァール他（Hassenzahl et al. 2003）によって開発された。もともとはUXの評価を念頭においていたが、特にUXに限定する必要はないと思われる。反対の意味を持つ形容詞を用いた評定尺度のセットであり、SD法の延長上にあるといえる。

　ハッセンツァールはソフトウェアの品質を実用的品質（pragmatic quality）と感性的品質（hedonic quality）に区別している。実用的品質は、以前は人間工学的品質（ergonomic quality）と呼ばれていたように実用性などに関するものであり、感性的品質は、感性訴求力があるかどうかに関するものである。AttrakDiffには21項目の反対の意味を持つ形容詞対からなるフルバージョンと、10項目からなる短縮版があり、それぞれ7段階で評価するようになっている。

　短縮版は、実用的品質（PQ）に関する項目4つ、感性的品質（HQ）に関する項目6つから構成されている。それは以下のようなものである。

表4-4 AttrakDiffの評価尺度（短縮版）

PQ	混乱した	5	4	3	2	1	構造化された
	実用的でない	5	4	3	2	1	実用的である
	結果が予測可能な	5	4	3	2	1	結果が予測不能な
	複雑な	5	4	3	2	1	単純な
HQ	退屈な	5	4	3	2	1	魅惑的な
	格好わるい	5	4	3	2	1	格好よい
	品質が低い	5	4	3	2	1	品質が高い
	想像力に乏しい	5	4	3	2	1	創造的な
	良い	5	4	3	2	1	悪い
	美しい	5	4	3	2	1	醜い

第 5 章
UXの評価

　UXの評価がユーザビリティの評価とは異なることは、すでに第1章で説明したが、この章では満足度という指標、UX評価のタイミング、UX評価法の分類、インフォーマントの確保について説明した後、具体的な手法の説明に入り、感情の評価法、リアルタイムな手法、記憶をベースにした手法について個別に説明し、最後に評価結果の利用について述べている。

5.1 UXを評価する

　UXの概念的な位置づけについては、本書の冒頭で図1-1に示したが、確認の意味でそのポイントを繰り返すと、

　（1）UXは利用時の品質に関わるものであり、製品やサービスを実環境で利用した実ユーザーが経験するものである。つまり設計時の品質のひとつであるユーザビリティとは、フェーズ的にも意味的にも異なっている。
　（2）また、利用した時の経験であるから、製品やサービスを設計しているときにそれを正しく予測することは原理的に不可能である。
　（3）利用時の品質には、客観的利用時品質と主観的利用時品質が区別されるが、客観的利用時品質は最終的には主観的利用時品質に集約される。
　（4）その主観的利用時品質のうち、特に満足度がUXの代表的指標として考えられる。
　（5）主観的なものであるために同じ製品やサービスであってもユーザー個人個人によってその経験の質は異なる。

などであった。
　さらに追加すると、

　（6）UXは特定の製品やサービスにとって常に一定の水準のものではなく、いろいろな出来事（エピソード）によって満足感は上下に変動するものである。
　（7）したがってUXの水準を一つの値で固定的に評価してしまうのは乱暴であり、動的に変化する様を把握するようにしなければならない。

　以下に紹介する各種の手法には、ここに挙げたUXの特性をきちんと考慮していないものもあるが、ある程度有名になってしまったものもあるので、あえてそれを含めて紹介することにした。

5.1.1 満足度という指標

　満足感をUXの総合的指標とすることについての根拠としては、

　（1）目標達成された場合に満足が得られるということがISO9241-11に提示されていること。もちろんISO9241-11はUXではなくユーザビリティに関する規格であるが、実経験における目標達成という点についてはUXのほうが満足度という概念を使用するに相応しい。
　（2）満足度は、目標達成だけでなく、日常経験における人工物の使用状況すべてにおいて評価

指標として用いることができる。

(3)感性的な指標としては、満足度の他にうれしさ、喜び、感動などがあるが、レベル的に大げさでなく、矮小化もしていないという点で満足度が適切である。また、かわいいとか美しいという感性的指標は、特定の側面に関する評価指標でしかない。

(4) Kurosu and Hashizume (2014) は概念依存性分析 (Concept Dependency Analysis)によって、満足度という概念と他の関連概念の関係を分析し、その結果を統計的に分析することで満足度という概念の特異性を見いだした(黒須 2014)。

(5)補足的な情報だが、ISOの委員会で、主査がUXの定義と満足度に関する定義にほとんど同じ文言を与えていたことが発覚するという「事件」があった(2017、札幌でのmeetingにて)。

などがある。これらのことから本章では、特に断りのない場合には、満足度をUXの指標として想定することにする。

5.2.1 UX評価のタイミング

ISO9241-210には設計プロセスの図が提示されているが、これは基本的にはPDS、PDCAやPDSA、デザイン思考のプロセス図と同様、設計というフェーズに関するプロセス図であり、もっと大きな開発プロセス全体の一部である。開発プロセスの全体を表現すると、図5-1のようなものになるだろう。

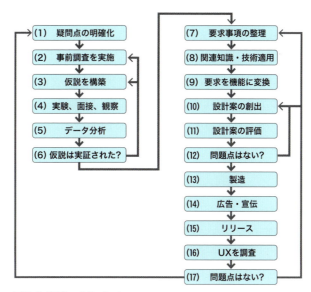

図5-1 開発の全体プロセス

この図は、最近のアジャイルなどのやり方には必ずしも的確に対応していないが、一般に用いられている大半の開発プロセスには対応しているだろう。左側の流れは基本的に科学的研究のプロセスと同じである。その流れが右側につながる点が工学的開発のプロセスの特徴的部分といえる。ちなみにISO9241-210に示されている設計プロセスは、左側部分を簡潔にして右側の設計完了の部分（問題点はない?）に至るまでの範囲をひとくくりにしたものに相当する。いいかえれば、そこにはUXの調査が含まれておらず、それに基づくフィードバックのあり方も描かれていない。そうした理由から、改めて図5-1を説明しておく。

(1) 疑問点の明確化

　研究はもちろんだが、開発においても、目標となる疑問点を最初に明確にしておくことが必要である。ユーザーの生活や仕事のどのような側面を改善したいのか、そのためにどのようなことを知りたいのか、それを知ってどういうことをするのか、こうしたことを明確にしないまま開発に着手することは、すでに製品やサービスのジャンルが確立している領域では不可能ではない。しかし、それでは従来と同じようなものを作り直すだけの結果になるだろう。新たな挑戦をするためには、開発の目標を明確にし、疑問点を整理することが大切である。

(2) 事前調査を実施

　この段階を含めて図の左側の部分は、本ライブラリー第5巻の『ユーザー調査』（2019年4月現在未刊）で扱うステップとなる。詳しくは第5巻を参照していただきたいが、ユーザー調査を実施する際には、いきなり本調査に入らず、まず予備調査（事前調査）を行うことが必要である。予備調査としては、文献や資料にあたることも含まれるし、2、3人のユーザーに簡単な調査をして、いわゆるあたりをつけておくことも含まれる。

(3) 仮説を構築

　事前調査に基づいて、どのような事情から現在の状況に至っているのか、その問題はどの程度重大なものなのか、などについて仮説を構築する。これはユーザー調査におけるリサーチクエスチョンをリストアップするための基礎になるものである。

(4) 実験、面接、観察

　生理学や電子工学などの分野においては実験によって実証的なエビデンスを集めるが、開発の場合には面接や観察や質問紙という手法を使ってユーザー調査を行う。すでに仮説はできているわけだが、それだけに強引に仮説に合致するようにと、バイアスをかけてデータ収集をしたりすることのないように注意する態度が必要となる。

(5) データ分析

　実験データや質問紙調査の場合には、統計的に処理できるデータはデータの性質に適合した分析手法を適用して結果をまとめる。面接や観察といった定性的データの場合には

直感的洞察が重要になるが、QDAソフトやSCATなどの定性的データの分析手法を使うのもよいだろう。

(6) 仮説は実証された？

　データ分析の結果によって(3)で設定した仮説が確認されたかを調べる。仮説が確認されている場合には、科学の場合にはここで報告書を作成して完了となる。工学の場合には次の要求事項の整理に進む。仮説が確認されていない場合には(3)に戻って仮説の再構築をするか、さらに(2)にもどって事前調査（予備調査）を改めて実施する必要がある。

(7) 要求事項の整理

　データの分析結果に基づいて要求事項を整理する。ISO9241-210で指摘されているように、この段階でデータ分析結果だけでなく、人間工学的な必要事項についても考慮することが望ましい。

(8) 関連知識・技術適用

　要求事項をまとめたら、それが実現可能なものかどうか、関連知識を調べ、適用可能な技術について確認する。人間中心設計以前の技術中心設計では、どちらかというとこの段階から出発し、新たに開発された技術を中心にしてどのような人工物が設計可能かを考えていた。

(9) 要求を機能に変換

　QFD (Quality Function Deployment)のような手法を適用し、要求事項を技術開発項目、つまり技術によって実現可能な機能に変換する。ただし、厳密にQFDを実施しようとすると検討すべき項目が膨大になってしまうことがあるので、常識的な範囲にとどめておくように配慮したほうがよい。

(10) 設計案の創出

　いわゆるアイディア出しをして、どのような設計内容にするかを具体的に検討する。その具体化のために、アイディア発想法を利用するのもよいだろう。ここで重要なことは、(7)でまとめられた要求事項については設計案に必ず反映されるようにすることだ。アイディアが先行してしまって遺漏があるようではいけない。

(11) 設計案の評価

　これが本書で説明したユーザビリティ評価の段階であり、設計段階のなかでも重要な位置を占める。インスペクション（エキスパートレビュー）やユーザビリティテストなどが活躍する場面である。

(12) 問題点はない？

　一般には設計案を評価した段階で、問題点に重み付けをし、重大な問題点や、軽微な問

題点は（10）に戻って対策を施すことになる。影響力が大きくなさそうな問題点については、次の機会に対応をするように申し送り事項とする。
(13) 製造
　設計の問題点がなくなったら製造に移る。
(14) 広告・宣伝
　設計が完了した以降の段階のあるタイミングで、製品やサービスの情報を市場に流して消費者の購買意欲を喚起する。
(15) リリース
　製品やサービスが完成したら、それを市場にリリースする。同時に、顧客窓口も活動を開始し、ユーザーからの問合せへの対応を開始する。
(16) UXを調査
　この段階が本章で扱うUX評価の段階である。(11)の評価はユーザビリティに関するものであり、設計プロセスの中に含まれるものであったが、UX評価は製品やサービスがリリースされてユーザーの手元に届き、彼らが実際の生活や業務のなかで利用を開始してから行うことになる。
(17) 問題点はない？
　UXに関する情報、特に問題点は、まず(10)の設計案の創出にフィードバックされ、その時点で、あるいは直近に設計されようとしている製品やサービスの改良のための情報として利用されなければならない。また、まだ次の製品やサービスが設計段階に入っていないなら、(7)の要求事項の整理の段階にフィードバックされるべきである。さらに、UXの情報は(1)の疑問点の明確化の段階にもフィードバックされ、そもそもどのような製品やサービスを提供すれば良かったのかという反省材料として利用されねばならない。しかしながら、これら3つのフィードバックループが適切に運用されている事例は数少ない。どこかで情報が止まってしまったり、変質してしまったりすることが多いが、そのことには特に注意すべきである。

　なお、ISO9241-210では、人間中心設計のプロセスに長期的モニタリングが含まれるとして、システムの実装から6ヶ月から1年の間にそれを実施すべきとしている。システムの実装というのは製品やサービスが実環境において実ユーザーによって利用されることを意味しており、本来のISO9241-210の「設計」という活動フェーズの外側に位置するものなのだが、こうした内部整合性のなさはこの規格の随所に見られるもので、その点はあまり気にしなくてもよいだろう。ともかく、規格の中には「ユーザーの実利用に基づくフィードバックは長期的な問題を同定し、将

来のデザインへつながる点で重要である(4.4)」とか「デザインにおける意思決定は、ユーザーの満足度に基づくべきである。それは、心地よさや楽しさという短期的なものだけでなく、健康や生き方や仕事への満足度などに関連したものである(4.6)」と書かれていて、まさにUXに相当する考え方を指摘している。

　UX白書では、UXに「実装」以前の期待感を含めているが、これは妥当な考え方といえるだろう。ただし、期待感を過度に強調したり、それだけをUXととらえるべきではない。次に購入や入手の段階が来るが、この段階では製品やサービスを手に入れた喜びで、一般にUX評価は高くなりがちである。ただ、一部のサービスでは、それを利用したり見たりした時点でネガティブな印象を持つこともある。その段階で完了する製品やサービスもあるが、多くの製品やサービスの場合には、それから若干の試行錯誤を経て、持続的、反復的に利用されていくことが多い。マニュアルを見ないで製品を利用するユーザーが多いことも関係して、特にICT機器の場合には、デジタル弱者といわれる人々の間にはネガティブなUXが経験されることもある。その段階で利用を取りやめてしまうユーザーもいるが、継続して利用するユーザーは、その後、新たな利便性を発見したり、習熟することによる効率の良さを経験したり、また逆に予想しなかった問題点にぶつかったりする。こうしたことから、UXは単一の値として評価することは難しく、時間軸におけるそのUX評価値の動的な変化において把握されるべきものといえる。

　半年から一年程度の時間が経過すると、ユーザーの生活や業務における当該製品やサービスの位置づけが定まり、多くの場合、ある程度安定した評価を示すようになる。あくまでも経験値ではあるが、実装(使い始め)から半年ないし一年という期間を経た段階がUX評価を実施するのに相応しい時期といえるだろう。もちろん、その評価を行った後で、何らかの出来事により評価値が変化することはあり得る。また、バッテリーの持続時間などの性能は、時間の経過とともに劣化していくことがある。

　ただ、UX評価を行って得られる評価値の変動や、その変動を来した要因について把握することは、図5-1の(17)からのフィードバック情報として貴重なものであり、それを見過ごさず、また設計や企画の改善につなげることが大切である。

5.2 UX評価法の分類

　UX評価法については、AllAboutUXのサイトに86種類（2018.9時点）の手法がリストアップされているが、その中身をひとつひとつ細かくみていくと、博士論文しか刊行されておらず中身をチェックできないものや、卒業論文レベルのものまで含まれていて、どうも編者の周囲で手にはいるものをありったけ集めたという印象がある。当初は、このリストをもとにしてこの章をまとめようと考えていたのだが、いささか適切さに問題があるように思えたので、それとは別に著者の判断に基づいて紹介することとした。UX評価法については、まだ整理された書籍もでていないため、少なくとも国内ではこの章がある程度網羅的に集めた最初の資料ということになるだろう。

　ただ、AllAboutUXのサイトで参考になった点もある。それは感情の測定法をたくさん含んでいることである。たしかにUXは個人の主観に依存する概念であり、主観的判断においては感情が大きな役割を果たしている。そこで、5.4節では感情の測定法（評価法）をまとめることにした。これはISO/TC159 SC4/WG6の主査であった（故）Nigel Bevanが特に近年、感性を重視するようになっていたことや、AllAboutUXのサイトでの手法の分類には感情の測定法が多々列挙されていることから、特に欧州において普及している考え方と見ることもできる。なお、感情のうちでも特に情動はできごとがあってから短時間のうちに生起し、比較的短時間のうちに減衰してしまう性質をもっている。その意味では、感情の評価法は、5.5節のリアルタイム評価法に含めて考えることができる。

　またUX評価法を見渡すと、任意の時点でのUXの値や内容を測定・評価しようとする手法と、任意の時点までのUXの変動する値や内容を測定・評価しようとする手法に区別できると思われた。そこで前者をRタイプ（リアルタイム型）として5.5節で、後者をMタイプ（記憶ベース型）として5.6節で紹介することにした。つまり、現在を調べる手法と過去を調べる手法ということである。

　なお、将来のUXを予測できれば商品やサービスを本当に有意義なものにすることが可能であり、企業の立場からすれば喉から手が出るほど欲しいものとは思う。それに類する提案が無いわけではない（Roto et al. 2011, Gegner and Runonen 2012）が、未来形、つまりこれこれを使ったらどうなると思うかという予想を聞いたり、試作品やプロトタイプの利用を製品利用とみなして評価を求めたりするようなもので、厳密な意味でのUXを評価する手法にはなっていない。そのため、ここでは紹介しないこととする。

　最後に5.7節において、UX評価を行った結果の使い方について、その基本については1.4.2項ですでに紹介したが、ここで改めて説明を加える。

5.3 インフォーマントの確保

　UX評価で困難なことはインフォーマントの見つけ方であり、ここが一般のユーザー調査法と異なる点でもある。一般のユーザー調査の場合には、リクルーティング企業などを利用して、ある程度のデモグラフィック属性を指定したうえでインフォーマントを見つけてもらえばよい。ただし、その場合、特定の型番の製品を使用しているとか、特定のウェブサイトを利用している、といった条件をつけると検索費用が高くなりすぎるので、同等他社製品とか同等サイトといった範囲でユーザーを集めることが多い。

　UX調査でも、「○○社製の○○年型冷蔵庫」のような特定の製品でなく、「最近発売された冷蔵庫」とか、さらには「冷蔵庫一般」といった製品カテゴリーについて調査を行うのであれば、インフォーマントを限定する必要性が低くなるので、インフォーマントの確保は容易である。

　しかし、特定の製品や特定のサービスに関するUX評価をやろうとする場合には、それを利用しているインフォーマントを確保することが必要になる。ただ、ウェブサービスの場合であれば、ウェブサイトの画面に調査への協力を依頼する広告表示を部分的に入れておくといったやり方でインフォーマントを集めることも可能であり、まだ困難さは低い。しかし製品の場合、製造者と購入者のつながりは、一般には購入を終え、消費者が店舗を離れた時点でぷっつりと切れてしまう。大型機器や産業機器などの場合は、その後のメンテナンスの関係もあるから、購入者とのつながりは保たれているが、店頭に並ぶ一般の製品の場合にはほぼ完全につながりが切れてしまうと言ってよい。以前は製品にアンケートハガキなどが同梱されていたが、もともと回収率は低く、それに頼ることも困難である。つまり、特に一般の製品の場合には、UX調査をすべきインフォーマントがどこにいる誰なのかを知るという点で大きな壁にぶつかるのだ。

　とはいっても、UX調査では、もともと15～20人程度のサンプルサイズ（著者の経験値である）を前提にしていることが多い。であれば、一つのやり方として、その製品を販売している店頭に張り込んで、その製品を購入した人に事情を説明して協力を依頼するという方法をとることが考えられる。もちろん店側の了解も取っておく必要はある。これが100人、200人のサンプルを取ろうとするのであれば、効率的な手法とはいえないが、15～20人程度のサンプルであれば、この方法で製品ユーザーを見つけることは可能だろう。また、その程度の労力は惜しむべきではない。

5.4 感情の評価法

5.4.1 感情とは

　感情 (feeling) は、時間的に急激におきる情動 (emotion) と比較的長時間に及ぶ気分 (mood) とを含む総称である。情動は「情緒不安定」などの場合のように情緒と呼ばれることもあるが、「江戸情緒」のように特定の感性的側面が重視されるので、研究者の間ではあまり用いられない。UX はユーザーが抱く主観的な印象であるため、感情とは密接な関係がある。

　情動の種類について、イザード (Izard 1977) は、怒り、軽蔑、嫌悪、悲嘆、恐怖、罪悪感、興味、喜び、恥、驚きの10種類を基本的なものとして挙げ、プルチック (Plutchik 1991) は、喜び、信頼、驚き、恐れ、悲しみ、嫌悪、予期、怒りの8種類を挙げている。図5-2のプルチックの提唱した感情の立体モデルは色立体のアナロジーとして情動を位置づけたものである。前述の8種類は側面の最上部に位置づけられている。色立体の色相に対応するところは感情の質の違い (8種類) であり、縦方向が色立体の明度ないし彩度に相当する感情の強度である。これを平面に展開すると8本足のヒトデのような形になり、車輪が重なったようにも見える。これは情動の車輪 (wheel of emotions) と呼ばれる (Wikipedia に掲載されているので参照されたい)。すべての情動の位置づけを見るにはこの車輪モデルのほうがよい。また表情研究を行っていたエクマン (Ekman 1973) は、怒り、嫌悪、恐怖、喜び、悲しみ、驚きの6種類を基本的情動としている。

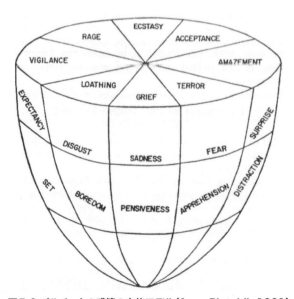

図5-2 プルチックの感情の立体モデル (from Plutchik 1991)

5.4.2 古典的評価法

UX評価に関係した情動測定法は、情動が短時間で生起しやすく、また沈静化しやすいものであることから、基本的には記憶ベースではなくリアルタイムな手法となっている。その古典的な感情評価法としては、イザード他 (Izard et al. 1974) の DES (Differential Emotions Scale) をあげることができる。これは、何かを経験している最中のことを想像させ、どの程度それぞれの情動を感じるかを評価させるもので、先に挙げた10種類の情動について自己報告によって5段階評定を行わせるものである。

5.4.3 覚醒度と感情価による評価法

情動を単純化して、覚醒度 (arousal) と感情価 (valence) の二軸を設定し (Russell 1980)、その二軸に関して、自分の情動を自己評価させる方法がいくつかある。ここで覚醒度とは覚醒-睡眠のこと、感情価とは快-不快のことである。

ラッセル他 (Russell et al. 1989) の感情グリッド (affect grid) では、現在の感情状態を図5-3のような二軸からなる9x9のグリッドのなかの適切な位置によって示させる。覚醒度は縦方向のマス目の番号 (下から1,2,3..9) で、感情価は横方向のマス目の番号 (左から1,2,3..9) で、感情状態はその二つの数字の組み合わせとして表現される。

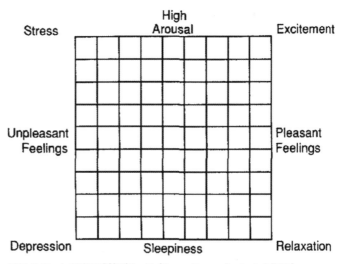

図5-3 ラッセル達の感情グリッド (from Russell et al. 1989)

シューバート（Schubert 1999）の2DES（2 Dimensional Emotion Scale）という手法は、もともとは音楽を聴いている時の経験について逐次的に評価を求めるために開発された。その意味で、音楽の進行につれて異なる値になることが予想されている。パソコン画面やタッチパネルに図5-4のような正方形の領域を作り、縦軸に覚醒度、横軸に感情価を割り当て、それぞれ上方向、右方向にゆくほど、その程度が強くなるように割り当てておく。実験参加者にマウスや指で画面の任意の位置を指させ、感情（気分ともいえる）の変化に応じてマウスや指を動かしてもらうものである。

　現在ならタブレットのAPを自作して簡単にソフトウェアを作ることはできるだろうが、実際にUXを評価しようとすると、手がタブレット操作のため塞がれてしまい、製品やサービス利用場面では、このような形でリアルタイム評価を得ることは難しい。しかし、ウェブサイトの評価を行う場合に、画面ごとにこの評価を取るという使い方は大いに考えられてよいだろう。

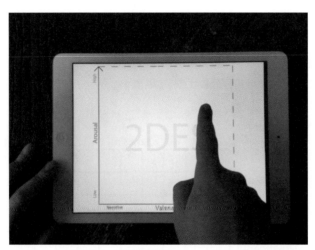

図5-4　シューバートの2DESと同じ測定画面（from http://vatte.github.io/etp/）

　感情グリッドや2DESは、感情の基本次元として覚醒度と感情価を設定するというラッセルの考え方（Russell 1980）に基づいて、その二次元から構成される平面状の一点の座標をそのときの感情的測度とするものだったが、そもそも覚醒度とか感情価という表現はアカデミックなもので、一般のユーザーにはなじみが薄い。感情グリッドでは一般用語への言い換えを行っているが、2DESではそのまま使っている。この点については、まず一般用語への言い換えが必要だろう。次に感情グリッドは9×9の升目を使っているが、実際に評価を試みてみるとこれはいささ

か細かすぎる。中点が必要なため奇数になるが、3では粗すぎるし7でも細かすぎるので5あたりがよいのではないかと思われた。さらに2DESのタブレット端末を利用するというアイディアを利用するのが適切だろう。

　こうして考えたものが感情グリッド改良版（黒須 2018）である。図5-4＋1のような画面をタブレット端末に提示し、ウェブサイトに関するユーザビリティテストの場面で、各画面について一度ずつ評価をもとめ、その座標を感情的評価の測度として利用すれば、どの画面が感情的に刺激が強すぎるのか、弱すぎるのか、あるいはユーザーの気分を害してしまうのか、といったことが把握できるだろう。

図5-4＋1 感情グリッド改良版の画面

　ブラッドレイとラング（Bradley and Lang 1994）のSAM（Self Assessment Manikin）は、快-不快、覚醒-睡眠のほかに強度（ドミナンス）を加えて3軸とし、図5-5のように、それぞれの軸に5段階のイラストを用意して、現在の自分の情動状態を選ばせるものである。主に広告評価などの場面で利用されている。オリジナルのイラストは稚拙だが、趣旨を理解して描き直せばすぐにでも利用できるだろう。

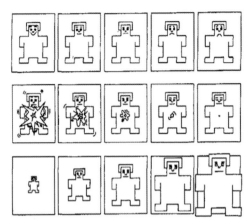

図5-5　ブラッドレイとラングのSAM尺度（上から順に快-不快、覚醒-睡眠、強度の軸）
(from Bradley and Lang 1994)

5.4.4 表情イラストを用いた評価法

　感情の評価にいろいろな表情を描いたイラストを用いる手法がある。その一つがデスメット他 (Desmet et al. 2001) のEmocardsである。これは感情状態を非言語的に評価しようという試みで、図5-6のように男性用と女性用のカードがそれぞれ8枚用意されていて、自分の現在の感情状態にふさわしいカードを選ばせる、というものである。自分を対象と同一視するには性別も考慮したほうがよいだろうという考え方は適切だったといえる。ただし、カードを個別に見ていくとわかるように、英語表現からイラストを見るとまあそんなものかな、と思えても、逆にイラストからどのような感情状態を描いたものかを判断するのは容易ではない。この点についてはイラストの巧拙が大きく影響しているようである。

　表情写真を用いた感情の研究は、ウッドワース (Woodworth 1938) 以来、シュロスバーグ (Schlosberg 1941) などによって行われ、快-不快と注目-拒否という二軸の上に広がる円環構造となると考えられた。その後、前述のエクマン (Ekman 1973) を経て、ラッセルとブロック (Russell and Bullock 1985) により、快-不快と覚醒度の二次元からなる円環構造が再確認されている。これらの結果は5.4.3項に説明した測定手法とも関連している。これらの研究では、円環構造のなかで高い確率で特定の感情を同定することは困難であっても、その近傍を含めれば的確な判断ができることが示されており、また文化差も存在しないとされている。ただし、文化的にみれば、表情がいささか大げさなアメリカ人と、時に無表情ともいわれる日本人とでは程度の違いがあることには留意すべきだろう。

　ともかく、こうした表情写真の研究の結果から考えると、Emocardsのような手法を使うので

あれば、イラストの品質を向上させる必要があるだろう。

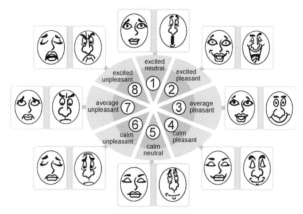

図5-6 デスメットのEmocards（from Desmet et al. 2001）

　その後、デスメットは表情だけでなく身振りまでも含めるようにしてイラストを改善したPrEmo1（Desmet 2002, 2004）とPrEmo2（Laurans and Desmet 2012）を提案した。図5-7は、そこで使われているイラストの例（下がPrEmo1、上がPrEmo2）である。PrEmoでは言語的なラベルはついておらず、PrEmo2ではアニメーションが付いているそうである。PrEmoの開発目的は、製品の外観への反応をとるためだったそうで、全部で10ないし14のイラストについてPrEmo1では3段階評価、PrEmo2では5段階評価を行わせるものである。

図5-7 デスメットのPrEmo1（下）とPrEmo2（上）のイラスト例
（from Desmet 2002, 2004 and Laurans and Desmet 2012）

デスメット達はさらに男性と女性と無性的なヤカンの3種類のイラスト（それぞれ9枚）からなるPMRI（Pictorial Mood Reporting Instrument）（Vastenburg et al. 2011）を開発した。これは情動ではなく気分を測定するもので、空港での経験、個人的ナビゲーションデバイスの操作、ソーシャルメディアとのインタラクションなどに適用されている。ここではイラストの質は向上し（Emocardsから比べると格段の進歩がある）、対象との同一視を考慮して男女用の版を用意し、言語的ラベルも付加されているので、評価を求められたユーザーも容易にタスクをこなすことができるだろう。ただ、この手法を日本で使用する場合には、同一視の水準を高めるために、モデルを日本人にしたイラストを新規に作成するのがよいだろう。

図5-8 PMRIの図版（女性版）（from Vastenburg et al. 2011）

5.4.5 投影法の考え方を用いた評価法

　人格診断のための投影法検査にPFスタディという手法がある。ストレスフルな状況、たとえば運転していた車が他の車に接触事故を起こしてしまったような場面がイラストで描かれていて、相手の運転手から「どうしてくれるんだ」と問われているような状況になっていて、それに対して（自分と同一視すべき）ドライバーがなんと答えるかを調べるものである。その空白となっているドライバーの吹き出し部分にどのような反応をテキストで書くかによって人格のフラストレーション状態における傾向を診断するわけである。

　似たようなアイディアで、ターチとアリッパイネン（Tahti and Arhippainen 2004）は、3E（Expressing Experiences and Emotions）という手法を提案している。図5-9に見られる

ように、3Eではシンプルな図が描かれているだけである。図がシンプルなのは、そこに自由に自分の考えや気持ちを投影できるようにするためである。自分の経験について回答を求められたユーザーは、単なる感情だけでなく、背景となる状況や自分の考え方を含めて回答することになる。左側の矩形の吹き出しには自分が発話するであろう内容を、右側の雲形の吹き出しには発話の背後にある自分の気持ちをテキストで記入する。また空白の顔の部分に表情を描いてもよいし、背景に情景を描いてもよい。たとえば、あるユーザーは、スマートフォンのアプリケーションの自由度の低さを表すために、人物の足に錘のついた鎖を描いている。このような点で、ターチとアリッパイネンは、この手法はデスメット達のイラスト選択型の手法よりも優れているとしている。

図5-9 ターチとアリッパイネンの3Eの図（from Tahti and Arhippainen 2004）

5.4.6 ユーザビリティテストに似た評価法

最後に回顧型ユーザビリティテストに似た情動評価の手法を紹介する。ローランスとデスメット（Laurans and Desmet 2006）は、ユーザーに製品を操作してもらっているところをビデオに記録し、直後にビデオを再生し、操作をしているときの気持ちを報告してもらうEmo2という手法を提案した。適当なタイミング（一定間隔、もしくはタスク完遂時など）、または生理的指標（GSRや心拍、顔筋測定値）が変化したタイミングで、評価尺度への記入を依頼し、あわせてインタビューを行うものである。情緒を連続的に評価できるというメリットがあるが、熟練度と高価な機器を必要とするという課題があり、さらに実際の製品利用場面ではなく、ユーザーは計測機器を付けられることで緊張感を感じてしまうことがあり得る。

5.4.7 質問紙法

なお、気分の評価にはそれ専用の質問紙法も開発されている。そのなかでも有名なものはヒューチャートとマクネア（Heuchert and McNair 2014）が開発したPOMS2（Profile of Mood States, 2nd Edition）である。これには日本語版（横山 2015）もある。成人用は18歳以上、青少年用は13〜17歳を対象とし、前者の全項目版は65項目で10分程度、短縮版は35項目で5分程度で施行できる。気分を、怒り-敵意、混乱-当惑、抑うつ-落ち込み、疲労-無気力、緊張-不安、活気-活力、友好の7尺度と、TMD得点（ネガティブな気分状態に関する総合的得点）とから測定するようになっている。ただし、本格的な心理検査であるため、入手には一定の資格要件（大学院で心理検査および測定法に関する科目を履修し終了したか、もしくはそれと同等な教育・訓練を終えていること）を満たす必要がある。

それと比較すると、坂野他（坂野et al. 1994）の開発した気分調査票は、全項目が公開されていて利用しやすいだろう。これは気分を、緊張と興奮、爽快感、疲労感、抑うつ感、不安感の5因子であらわす40項目から構成されている。ちなみに、この尺度の緊張と興奮の得点とPOMSの不安-緊張の得点との間には0.67の相関が得られている。項目としては、たとえば緊張と興奮については、

1. 興奮している
2. 気分が高ぶってじっとしていられない
3. 緊張している
4. そわそわしている
5. 怒っている
6. 焦っている

といったような項目が含まれていて、製品やサービスを利用した時のUXの評価にも使いやすいだろう。それぞれの項目に対して「まったく当てはまらない」から「非常に当てはまる」までの4段階で評価するようになっていて、施行時間も短くて済むと思われる。詳しくは引用資料を参照されたい。

5.5 リアルタイムな手法

リアルタイムな手法は、基本的に、ユーザーが製品やサービスを利用しているタイミングで、その経験に対する評価や関連する情報を取得するものである。ユーザーには評価期間中、ずっと

評価というタスクへの協力が求められるため、実施できる期間はせいぜい1～2週間であり、数ヶ月とか場合によっては何年にもわたる長期間のUXを評価するには向いていない。ただ、5.6節で紹介する記憶をベースにした手法と比較した場合、忘却とか記憶の歪曲といった要素を排除して、生々しい経験評価を得られる点が利点である。

5.5.1 経験サンプリング法(ESM)

　リアルタイムの経験評価法の代表として、ESM (Experience Sampling Method)を外すわけにはいかない。これは、日常生活を送っている人々に電子的な形で通知を送り、その時点のリアルタイムな報告を求める、という手法である。ラーソンとチクセントミハイ (Larson and Csikszentmihalyi 1983, Csikszentmihalyi and Larson 1987)によって提唱され、ヘクトナー等(Hektner, Schmidt and Csikszentmihalyi 2006)による詳細な解説書が出されている。彼らは、日常生活における様々な経験の内容と文脈に関する情報を収集するための系統的な現象学的手法として、ESMを開発したと述べている。その一番の特徴は即時性、つまり不確かな記憶に頼るのでなく、リアルタイムに経験調査を行える、という点にある。もちろん、回答するときの報告者は日常生活場面にいるため、生態学的な妥当性(ecological validity)が高いのも特徴といえる。

　その発端は、チクセントミハイがシカゴ大学で1970年代に日常生活におけるフロー体験を調べるために調査を行ったことにある。この時は、ポケベル(pager)に電気信号を送り、実験参加者はそれを合図に、そのとき何をしていたか、その日に最も楽しかったことは何かについて日記をつける、という方法であった。

　もちろん、実験参加者が嘘をついたり無意識的に報告内容を変えてしまうという可能性を完全に排除することは困難だが、そうしたことは比較的まれであると想定されている。また評定尺度を使った時の特定の値(たとえば7段階尺度で5.5)が、どの実験参加者においても同じ程度を表しているのかという問題もあるが、それはESM固有の問題ではなく、評定尺度法一般に関係する問題であり、標準得点に変換するなどの対応をとればよい。さらに、ESMが測定するのは日常生活のランダムサンプルであるという点は、この手法の特徴といえる。自動車で高速道路を走行しているような時は、料金所に入る時とか出口から出る時というように重要なタイミングがあり、ランダムサンプリングが適切とはいえないが、多くの日常生活場面においては、ランダムサンプルでよいと考えられている。ESMのもう一つの特徴は、大量のデータを得ることができ、特に定量的データ(評定尺度など)を取得した場合には統計的な検定力が高くなるという点である。たとえば、チクセントミハイとシュナイダーが2000年に行った調査では、全米から12～18才の若者1200名を対象としている。

ESMは、教育、家庭生活、発達心理学や臨床心理学など広範な領域に適用可能である。もちろんUXに関連した製品やサービスの利用場面についても適用できる。いずれの場合も、ユーザー調査の時と同様に、まずリサーチクエスチョンを明確にしておく必要がある。特に、リサーチクエスチョンが回答可能なものであるかという、ごく当たり前に思えるようなことにも、遠隔地で調査者と離れた場所にいるために、調査者に質問をすることができないまま回答をするユーザーの状況を考えた配慮が必要である。

　記録には、紙と鉛筆による方法と電子的な方法がある。前者は、紙と鉛筆さえ持っていればどこででも記入ができる便利さがある一方、後日、そのデータはコンピュータデータとして入力しなければならない面倒さがある。後者については、PDA（Personal Digital Assistance）の利用に始まり、現在はスマートフォンを利用するようになっている。電子的なデータ入力を使うと瞬時にデータを処理にまわすことができ、大変便利である。

　なお、心理学などの臨床場面では、ESMという呼び方ではなく、ストーンとシフマン（Stone and Shiffman 1994）が別途開発したEMA（Ecological Momentary Assessment）という手法が使われている。基本的に、自己報告形式であり、リアルタイムである点で両者は同じものと見なして良く、ESM/EMAという組み合わせで呼ばれることも多い。このEMAは、ラニアン等（Runyan et al. 2013）によってiHabitというiOS用のアプリケーションとして開発されている。iHabit以後の電子的手法の推移についてはWikipediaの「経験サンプリング法」の項目に詳しく書かれている。

　ESMの質問用紙のサンプルを図5-10に示すが、ここにあるように、調査用紙は自由記述式の質問項目や評定尺度の質問項目を交えて構成されている。そのデータを整理したサンプルを図5-11に示すが、そこでは一日に4〜6回行われた調査ごとに、評定尺度の値と自由記述の内容が示されている。評定尺度データは、統計的な処理をすることも可能だが、このように質的な記述データと合わせることによって、言語的記述内容の解釈が容易になる。

As you were beeped . . . (be specific)
Where were you?

What were you thinking about?

What was the main thing you were doing?

What else were you doing?

	Not at all				Very much
Did you enjoy what you were doing?	1	2	3	4	5
How well were you concentrating?	1	2	3	4	5
Did you feel good about yourself?	1	2	3	4	5
Were you learning anything or getting better at something?	1	2	3	4	5
Did you have some choice in picking this activity?	1	2	3	4	5

Describe your mood as you were beeped:

	very	quite	some	neither	some	quite	very	
Happy	3	2	1	0	1	2	3	Sad
Passive	3	2	1	0	1	2	3	Active
Ashamed	3	2	1	0	1	2	3	Proud
Worried	3	2	1	0	1	2	3	Relaxed
Weak	3	2	1	0	1	2	3	Strong
Lonely	3	2	1	0	1	2	3	Sociable
Excited	3	2	1	0	1	2	3	Bored
Angry	3	2	1	0	1	2	3	Friendly

図5-10 ESMの質問用紙の例（部分）（from Hekter et al. 2006）

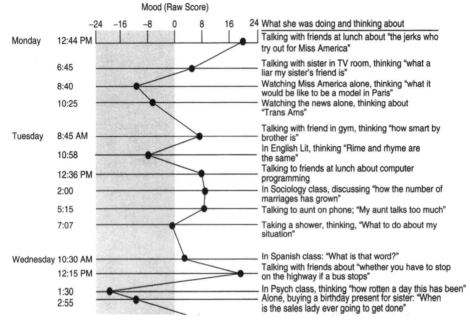

図5-11 ESMの取得データの例（定量データと定性データの組み合わせ）（部分）
（from Hekter et al. 2006）

5.5.2 日記法

　日記法（diary method）はユーザー調査でも用いられるが、もともとUX評価は製品やサービスの利用実態を把握するという点でユーザー調査と似たところがある。ここではUX評価法という観点で説明を加えておく。

　リアルタイムな手法か記憶をベースにした手法かという点で、日記法はその中間に位置するといえる。日記をつけるには振り返りが必要であり、もちろん記憶が利用される。ただ、日記というのは『新明解国語辞典』に「自分の出会った出来事や感想などを一日ごとに書いた物」と定義されているように原則としてその当日のうちに書くものであり、そこで利用される記憶はかなり新鮮で鮮明なものと考えられる。もちろん多少の忘却や変容、あるいは意図的ないし非意図的な編集（歪曲）が行われる可能性を排除することはできないが、特に編集についてはリアルタイム手法であるESMにおいても生じ得るものである。さらに後述するTFDなどの手法では、一日を振り返って書くのではなく、2, 3時間という短時間ごとに記録するものであり、記憶のバイアスは最小限に抑えられると考えられる。その意味で、本章では日記法を準リアルタイム手法として位置づけている。

日記法もESMも自己記述法（self-recording）という点では共通で、ホイーラーとライス（Wheeler and Reis 1991）は、それを

（1）　Interval-contingent: 所定の期間がきたら記入する。毎日記入する日記はこれに該当する。
（2）　Signal-contingent: 信号がきたら記入する。ESMはこれに該当する。つまり自己記述法という概念にはESMも日記法もともに含まれる、ということである。
（3）　Event-contingent: 特定の出来事が起きたら記入する。

というカテゴリーに分類している。

　日記法の原点は、ベバンス（Bevans 1913）にまで遡ることができるとされているが未公開のため詳細は明らかではない。その後、行動主義による「心理学の暗黒時代」を経て、ロビンソン（Robinson, J.P. 1977）やホックスチャイルド（Hochschild 1989）は、アメリカ人の時間の使い方や女性の役割行動などについて、日記法による先駆的な業績をまとめている。

　日記法の拡張として、ユーザーにカメラを渡して指定した箇所を撮影させたり、自分の経路にそって写真を撮らせたりするフォトダイアリー（photo-diary）と呼ばれる手法もあるが、近年は、スマートフォンの普及につれて、スマートフォンでのデータ収集や撮影した写真の添付も容易になり（この点はESMでも同様である）、そうした点でも日記法は広く普及した手法となっている。

5.5.3 DRM（Day Reconstruction Method）

　DRMという手法はカーネマン他（Kahneman et al. 2004）が提唱したもので、日記法の一種といえる。カラパノス他（Karapanos et al. 2009）はそれをUX評価法として利用している。

　カーネマン達の手法は、生き方に関する心理学的評価を求めるもので、「自宅における生活について、あなたはどの程度満足していますか」という問いに対して、とても満足している、満足している、あまり満足していない、全然満足していない、という選択肢から該当するものを選ばせるようなもので、当日ないし前日の出来事を振り返って評価を行ってもらうようになっている。これは心理学的な調査のための手法であり、これ自体はUXとはあまり関係がない。

　カラパノス達は、DRMを特定の製品についての評価に適用している。当該の製品に関連した出来事を3つ、エピソードを並べるように記入してもらうもので、UX評価を行う日記法といえる。まず、当該製品に関連して、その日に起きた出来事をすべて書き出し、それぞれの活動について簡単な名称と所要時間を記録する。これがその日または前日の再構成である。それから3つの最もインパクトの強かった（満足ないしは不満足だった）経験を取り上げ、自分の感情や、満足や不満足というのが具体的にどういうことだったかを書く。そうしたエピソードについては、それが

起きた状況や、それに対する気持ち、製品についての一時的な知覚などについても書かせる。つまり、この手法は、内観法に基づいたオフラインの手法である。ただし、スマートフォンでは画面の一覧性が悪いため実施は困難だが、画面の大きなパソコンを使ってオンラインで実施することは不可能ではないと考えられる。得られたデータを分析するにあたり、ストーリーの分析に手間がかかるため、基本的には調査者が容易に入手できる既存の市販されている製品を対象とする。

　データの分析にはGTA（Grounded Theory Approach）に類似したコーディング手法が使われた。論文で集めたデータは4週間分で482個のテキストだったが、それをまずオープンコーディングにより、似たものを集めて上位概念となるカテゴリーを作って命名する。この際、既存のカテゴリーに影響されないように注意する。論文では70のカテゴリーが生成されたとしている。次に、カテゴリー同士を関係づけるアクシャルコーディングを行ってカテゴリーをさらに集約する。結果的に15個のカテゴリーにまとめられている。その後、もとの482のテキストを15のカテゴリーに再配分している。このあたりのGTAのコーディングのやり方については、HCDライブラリー第5巻（2019年4月現在未刊）を参照していただきたい。

　この結果を量的に整理して得られた概略的なグループとして、カラパノス達は、図5-12のようなUXのモデルを提唱している。UX白書のモデルとはちょっと異なるが、独自の視点で構成されたUXモデルであり、示唆的な内容を含んでいる。

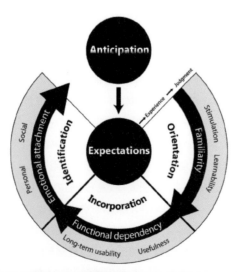

図5-12 カラパノス達のUXの概念モデル（from Karapanos et al 2009）

このモデルでは、予期 (anticipation) と方向付け (orientation)、取込み (incorporation)、自分との同一性の確立 (identification) が区別されている。予期はまだ製品を手にしていない段階のものだが、製品を手にいれた後の方向付けには親近性 (familiarity)、取り込みには機能的依存性 (functional dependency)、同一性の確立には情緒的アタッチメント (emotional attachment) が関係している。

予期の段階では、期待感もあれば不安感もあり、たとえば「以前使っていた電話ではQWERTYキーボードが使えて好きだったんだけど、iPhoneに採用されているバーチャルキーボードがどの程度使えるものかわからない。小さすぎるキーじゃなくて、反応性もよいものだといいんだがなあ」といったようなテキストが対応する。

方向付けにもポジティブなものとネガティブなものがあり、たとえば「SMSにポーランド語で入力を始めたら、辞書はそれに一番近い英単語を出してくれた。でも辞書をオフにするボタンがない。自分の好みにあった選択肢を選ぶのは結構大変だった」というテキストが対応する。

次の取込みのフェーズでは、利用状況に適合した形で製品が生活に取り込まれてゆく。たとえば「iPhoneの画面をスライドするとページが変わるんじゃなくて、文字の大きさが変わっていき、読みやすくなった。これっていいんじゃないかな。こういう細かいところって、あんまり注意していなかったんだよね (以下略)」というようなテキストが該当する。

最後の同一性の確立では、愛着感の醸成されたことがうかがえる。たとえば「新しいテーマをダウンロードした。とても綺麗だ。前とくらべてiPhoneはとても、とても良くなったように思う」といったテキストが該当する。

5.5.4 TFD (Time-Frame Diary)

日記法をできるだけリアルタイムに近づけようとして開発されたのが黒須と橋爪のTFDである (Kurosu and Hashizume 2008)。DRMでは一日の記録を当日または翌日の朝に記入させているが、記憶の減衰や無意識の編集作用などによって、一日という短時間といえども正確な記録が得られるかについては疑問がある。他方、ESMのような手法では記入を要求するトリガーがかけられることで通常の日常生活の意識が乱されるという問題がある。

そこでTFDでは、一日24時間を15分刻みで96個の時間枠 (time-frame) に分割した記入用紙を作成し、それを一週間分、つまり7枚と予備2枚を合わせてユーザー宅に送りとどけておく。一週間としたのは多くの人の場合に一週間という期間が生活サイクルの基本的長さに相当するからである。ユーザーは、その日、折りたたんだ用紙と筆記用具を持ち歩き、2〜3時間ごとに、どこで何をしていたか、調査対象の製品やサービスを利用したか、などを簡潔に記入する。2〜3時間というのは、その範囲であれば記憶は新鮮だろうと考えられたからである。それを一週

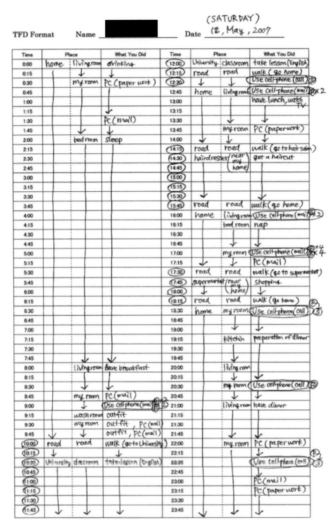

図5-13 TFD用紙の記入例（パソコンの利用に焦点をあてたもの）
（from Kurosu and Hashizume 2008）

間の間、毎日続けてもらい、記入が終わった段階で、できるだけ早い時期にインタビュー調査を行う。どこで何をしていたかという手がかりが残っているため、そのときの状況や気持ちについて想起することは容易である。このようにして日常生活の中における製品やサービスのUX調査を行うのがTFDである。図5-13は、その記録用紙の例である。このサンプルはアメリカでパソコンの利用実態についてUX調査を行ったときのものであるため、英語で書かれている。

5.6 記憶をベースにした手法

準リアルタイム手法である日記法やその関連手法でも記憶の影響は考慮せざるをえなかったが、長期記憶をベースにして回顧的なUXデータを得ようとするのがここに説明する一連の手法である。日記法の場合には、ある程度長期間のUXデータを取得することができるが、調査の参加者であるユーザーの負担は大きく、あまり長い期間にわたって実施することは難しい。

一般的な記憶については、日常生活においても経験されていることだが、エビングハウス(Ebbinghaus 1885)の忘却曲線とか、カーマイケル他(Carmichael et al. 1932)による言語的ラベルによる図形記憶の変容(図5-14)といった古典的な記憶心理学の研究以降、経験したとおりのものが記憶される(記銘され、保持され、想起される)ものではないことが明らかになっている。

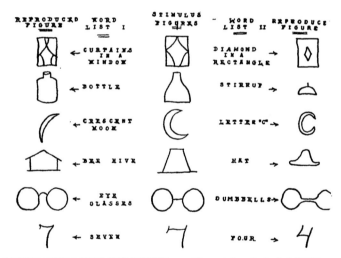

図5-14 言語ラベルによる再生内容の変容(from Carmichael et al. 1932)
　実験者は、全部で12種類用意された真ん中の図を見せるときに「次の図は○○に似ています」という教示を与えた。その結果、提示直後の再生課題では、教示によるバイアスによって変形した図が描かれた。ちなみにほぼ正確に再生されたケースは1割程度に過ぎない。たとえば一番下の図は4に似ていると教示されると4に、7に似ていると教示されると7になってしまった。

さらに日常経験の記憶については、「経験のなかで最も重要な部分はどこか。心理学者は(短期記憶の系列位置効果について)初頭効果と新近性効果を強調するが、最も重要なのは新近性

である。いいえれば、最も重要なのは終わり方である」(Norman 2009)のように、すべての出来事が均等に記憶されているわけではないことが語られたり、「未来における経験を予言する場合は、しばしばそれに関連する過去の経験の記憶がベースになっている。しかし、記憶というものは誤りやすいものであり、評価に対して系統的なバイアスを導入するものでもある」(Hsee and Hastie 2006)というように、その正確さに問題のあることが指摘されている。

このようなエビデンスを元に考えると、記憶によってUXを評価するのは不適切なのではないか、という疑問がでてくるが、大石とサリバン(Oishi and Sullivan 2006)は、「多くの研究者は、記憶のバイアスやその他の外的な影響を避けるために、ESMやイベントサンプリング、日記法などを推奨しているが、回顧的な判断は主にエピソード記憶に基づいているものであり将来の行動を予測する際には、判断のバイアスがあるからといって、回顧的な判断や大域的な判断の重要性が損なわれるものではない」と言って、回顧的な記憶にはそれなりの価値と意義があることを認めている。ちなみにエピソード記憶(episodic memory)とは、特定の出来事に特有な記憶であり、それと異なる意味記憶(semantic memory)は、特定の出来事にリンクしているのではなく、一般化された記憶である(Tulving 1972)。

この回顧的な記憶を用いたUX評価法を以下に時代順に紹介したい。

5.6.1 CORPUS

フォン・ウィラモウィッツ-メレンドルフ他(von Wilamowits-Moellendorff et al. 2006)は、CORPUS (Change Oriented analysis of the Relationship between Product and User)(コーパスと読む)、つまり製品とユーザーの関係に関する変化指向的分析、というインタビュー手法を提唱した。この手法では、同じ製品を1〜2年使っている「熟練」ユーザーを対象とし、現時点から利用開始時に遡ってインタビューを行う。特に、何らかの変化が起きたときについては詳細に話してくれるように教示を与えておく。その際、ハッセンツァール他(Hassenzahl et al. 2002)が提唱した5つの品質特性、すなわち機能性(utility)、ユーザビリティ(usability)、(好奇心を引き起こす)刺激性(stimulation)、審美性(beauty)、アイデンティティを他人に伝えられる伝達性(communicate identity)、それと総合評価を時間軸の上に10段階評価させた。図5-15がその例である。このようにCORPUSでは、UXの時間軸上の動的変化、特に変化を起こした出来事(change incidents)に着目して把握しようとするものである。

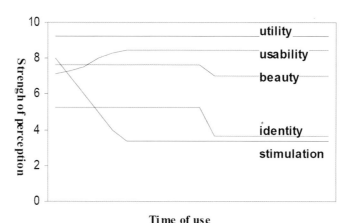

図5-15 5つの品質特性に関するCORPUSの評価結果
(from von Wilamowits-Moellendorff et al. 2006)

5.6.2 利用年表共作法

　安藤(2007)は、長期的ユーザビリティの測定法として、利用年表共作法を提案している。CORPUSと比較すると、ISO9241-11で定義されたユーザビリティの概念に重点を置いておりその他の特性を明示的に示してはいない。つまり、もともとUX評価法として開発されたものではないが、それでも出来事から主観的評価に至る流れは、ユーザビリティ以外の特性に容易に拡張可能である。

　この手法では、有効さ、効率、満足度というISO9241-11の下位概念が、抽象度が高いためユーザーに理解しにくいだろうことを考慮し、(1) 主観的な頻度、(2) 使いこなし感、(3) 効率の良さ、(4) 自己制御感、(5) 苛立ち感の無さ、(6)操作の慣れ、(7) 製品の満足度、(8)お気に入り度、という指標を利用している。そして、時系列グラフ(年表)を調査参加者とともに作成していくなかで、利用方法の変化や評価の変化などを把握する。図5-16に示すように、年表には「主な出来事」、「主な使い方」、「評価への影響」という欄を設け、発話内容に基づいて書き分けるようになっている。

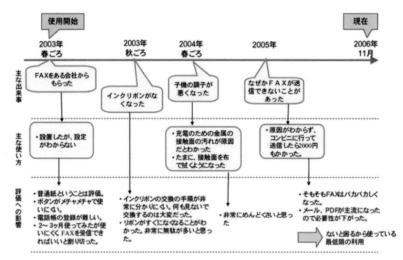

図5-16 利用年表共作法の例 （from 安藤 2007）

5.6.3 iScale

　カラパノス他（Karapanos et al. 2012）は、記憶に基づく経験の再構成について、エピソード記憶に検索の手がかりがあってそこから想起が始まる場合と、そうした手がかりのない時に意味記憶に保存されている信念が用いられる場合とがあると考えた。エピソード記憶に含まれる手がかりを使って当時の感情についても想起するような場合はボトムアップ的であり、それを構成的アプローチ（constructive approach）と呼んだ。また細かい手がかりは無いけれど全体的な感情的評価だけがある場合にはトップダウンであり、それを価値考慮的アプローチ（value-account approach）と呼んだ。

　経験の想起における記憶の働き方に関するこうしたモデルをベースにして、彼らはコンピュータを使った時系列的な回顧的UX評価手法を開発し、それをiScaleと呼んだ。iScaleには、図5-17に示すような2バージョンがある。一つは図の上側に示した構成的iScale（ボトムアップ）で、横方向の時間軸に関して、製品を購入した時から現在まで順番に経験値（縦軸）を記入し、グラフを右方向に伸ばして行くもの、もう一つは図の下側に示した価値考慮的iScale（トップダウン）で、最初に始点と終点を決めておき、順次、途中の位置についてグラフを上下させて行くものである。こうしたグラフの他、図5-18に示すような補足的情報も得るようになっている。

　実験的データをとった後、Karapanos達は、構成的iScale、つまり購入時から順に現在までの経験値を評価するやり方のほうが、価値を付与された情報の再構成に用いられる手がかりが多くなるため有効だったと書いている。

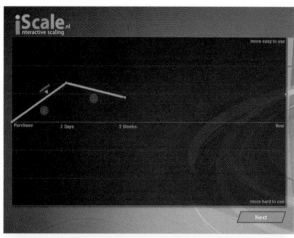

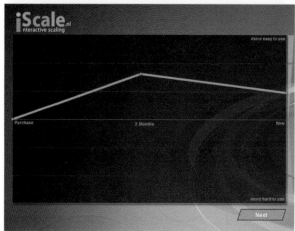

図5-17 iScaleの画面例（from Karapanos et al. 2012）
上の画面は構成的iScaleで下は価値考慮的iScale。

　なお、Karapanos達は、こうしたコンピュータを利用した手法と手書きによる手法とを比較しているが、実験参加者達の意見では、手書きグラフ（free-hand graphing）のほうが表現力がある、ということだった。この考え方は、次に紹介するUXカーブの適切さを示唆するものである。ただ、参加者達は、iScaleのほうが修正が容易であると回答している。

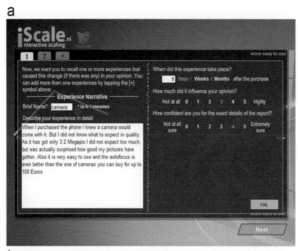
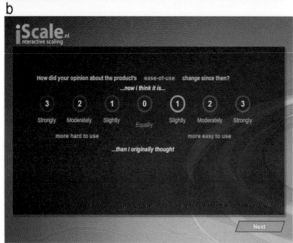

図5-18 iScaleの補助画面（from karapanos et al. 2012）
　上側のaは、経験をテキストや評定尺度により報告するためのもの。下側のbは、全体的印象を評価するためのもの。このbでは使いやすさ（ease-of-use）について聞いているが、他にユースフルネス（usefulness）と革新性（innovativeness）についても評価を求める。

　また、図5-18のaのように補足テキストをグラフ作成と同時に入力するやり方が、記憶の想起を容易にすると回答した参加者もいた。

5.6.4 UXカーブ

　CORPUSやiScaleといった手法を踏まえ、クヤラ他（Kujala et al. 2011）はUXカーブを提唱した。この手法は、手書きで時系列的なカーブを描き、カーブの変曲点についてコメントを書く、というものである。iScaleを提唱したカラパノスも著者に入っているが、記憶に関する議論はiScaleの段階で終わったと考えたのか、ここではUX評価のための実用的な手法としての側面に重点化した提案がなされている。すなわちiScaleでの経験を踏まえて、コンピュータを利用せず手描きによる手法とし、製品購入時点から現在に向けて（つまり右方向に）カーブを描かせ、変曲点に注目してコメントを書かせるようになっている。

　この手法では、魅力（attractiveness）、使いやすさ（ease of use）、機能性（utility）、それと利用頻度（degree of usage）について合計4つのカーブを描かせる。魅力はハッセンツァール（Hassenzahl 2001）のアピール（appeal）という概念に近く、ユーザーの理性的で実用的な経験以上のもの、つまり感性的（hedonic）な側面を反映するものと考えられている。補足説明として「製品があなた自身やお友達の観点からみて魅力的で興味深いものであること」という文言が付加されている。使いやすさという概念は、ユーザビリティよりも理解されやすいと考えて導入された。補足説明は「製品を使うことが容易で特に努力を要さないこと」となっている。機能性についての補足説明は「製品があなたにとって重要な機能を提供していること」となっている。利用頻度は利用しない期間があったかどうかを確認するためのもので、UXの質に関係するため、それが豊かになる傾向を示すなら利用頻度も増加傾向を示すだろうと考えられた。その補足説明は「時間軸に沿った利用頻度のこと」となっている。なお、魅力と使いやすさ、機能性は縦軸に関して＋方向と－方向に広がり得るが、利用頻度だけはマイナスになることがないので片側尺度として記入する。

　実際に得られたデータからは、魅力のカーブが満足度との間に統計的に有意な関係を持っていることがわかった。それは期待を満たすものであり、他人へ推奨する行動につながるものである。また魅力すなわち満足度は、カーネマン他（Kahneman et al. 1993）のピーク・エンド・ルール、つまり経験の評価はそれまでの経験のピーク値と最終時点の値とで決まるという法則に対応していることが確認されている。ただし、UX評価の時点でピークの時と最終時点での経験がきちんと想起されていることが条件となる。

　さらに、UXカーブのデータの分析から、後に共著者のロト他（Roto et al. 2011）がUX白書に書いたように、UXが個人的なものであることが明らかになったとも報告している。同じ製品を使っていても、ユーザーが異なると多様な反応が得られてしまう、というわけである。

```
                Ease of use: The product is easy and effortless to use

        +
        ┌─────────────────────────────────────────┐
        │                                         │
        │                                         │
        │                                         │
        │                                         │
        └─────────────────────────────────────────┘
        -

        Short description of the changes:
        _____
        _____
        ...
```

図5-19 UXカーブのためのテンプレート (from Kujala et al. 2011)

5.6.5 UXグラフ

黒須(2015)は、UXカーブの利用経験に基づいて、次のような疑問を抱いた。

(1) 魅力、使いやすさ、機能性、利用頻度と四つのグラフを描くのはユーザーにとって負担が大きく、集約的なUXの指標としての満足度(魅力)だけでよいのでは無いか。
(2) UX白書にも書かれている購入前の期待の段階について評価を求めなくてよいのか。ついでに、現在以降の近未来に関する予測も評価できたほうがよいのではないか。
(3) UXカーブの横軸の時間は、単位が明確でなく、均等にカーブが描かれているとは限らない。均等でないとするとカーブの勾配から受ける印象が異なることになり、ゆっくり上昇したの

か急激に上昇したのかといったことがわからない。

こうした点を考慮してUXカーブを改変したUXグラフが提案された。そこでは、

(1)満足度についてのグラフを描いてもらう。
(2)ただしグラフを描画する前に、それぞれのエピソードつまりグラフの変曲点について、時期を明確にしてもらい、同時に＋10から−10までの満足度評価を付けてもらう。これにより、グラフにおける変曲点の座標が縦横とも明確になるため、それをつなげた形で容易にグラフを描くことができるようになる。
(3)すなわち、エピソードの記入が終わった後でグラフを作成してもらう。

という点に配慮した。その結果、図5-20のような記入シートが作成された。

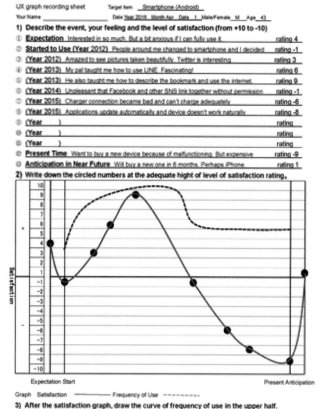

図5-20 UXグラフの記入例（from 黒須、橋爪 2016）

なお、UXグラフは個人法として実施して、後刻インタビューを行い、全体の概要や細部についての不明点を明確にするという使い方もできるが、用紙を配布することで集団法として実施し、概略的ではあるものの大量のデータを集めることもできる。しかし同時に大勢のユーザーを集めることが困難な場合もあるので、スマートフォンを使ってユーザーの都合のよい時に個別に随時記入してもらうというiScaleのような電子的形態も用意された(Hashizume et al. 2016)。記入用紙を使った場合には、エピソードの個数が紙面の限界のため限られてしまうが、電子的形態の場合には必要なだけ入力箇所を増やせるようになっているので、そのような心配はない。また、エピソードの座標を結んだグラフはソフトウェア的に自動生成される（図5-21参照）。ソフトウェアはhttps://ux-graph.com/uxgraphから利用できる。

　得られたUXグラフはPDFとして入手できる（図5-22参照）。

図5-21 UXグラフのWebツールの入力画面(from Hashizume et al. 2016)

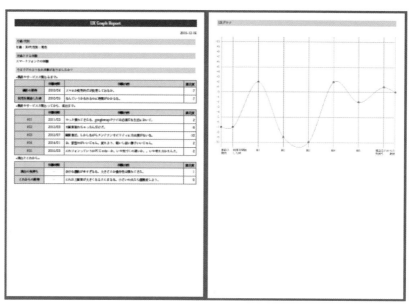

図5-22 UXグラフのWebツールの利用結果（PDFデータとして入手できる）
（from Hashizume et al 2016）

5.6.6 経験想起法（ERM）

　UXカーブを改良したUXグラフを提案し、積極的に利用してきた黒須達は、時間データだからといってカーブやグラフというビジュアルな形式を取る必要性があるかどうかという点に疑問を抱くに至った。カーブやグラフの横軸に相当する時間軸は、UXカーブでは単位の均一性に疑問があったが、UXグラフでも明確に時期を想起できているのかという疑問があったからである。実際、エピソード記憶においては時期に関する情報は曖昧であり、実際の時期とずれる可能性があるだけでなく、時には複数のエピソード間の前後関係すら間違ってしまうこともあり得る。

　そこで彼ら（Kurosu and Hashizume 2018）はビジュアルな表現形式を破棄し、かつ時間軸に関してもゆるい枠を設けるだけにして、エピソードとそれに対する満足度評価に重点化した経験想起法（ERM: Experience Recollection Method）を提案するに至った。時間に関する枠としては、購入前の期待の時期、購入して利用を開始した時期、利用を開始してから間もない時期、その後の（比較的長期間の）時期、つい最近の時期、現在、近い将来における予測、という7つとした。ユーザーは、エピソードの記入と、その時点での満足度評価を＋10から－10の段階で評定するよう求められる。図5-23は、英語版のサンプル事例を清書したものである（実際に

は手描きで記入する)。なお、用紙に記入させると、枠の数が限定されるため、この手法に関しても必要なだけ枠をとれるようWeb版が作成されている。URLは、先のUXグラフと同じである。画面右上にERMへのリンクが出ている。なお、黒須と橋爪 (Kurosu and Hashizume 2019) は、半年間を隔てた再テスト法によってERMについての信頼性を分析し、この手法がかなり良好な信頼性を持っていることを示した。いいかえれば、記憶による忘却や変容は予想されたより少なかった。

図5-23 ERM用紙への記入例 (from Kurosu et al. 2018)

5.7 評価した結果の活用

すでに1.4.2項でUX評価の結果の利用法については説明しているが、ここでは補足的に図を使って説明を加えておく。図5-24は、製品やサービスの提供側における開発プロセス (左上の部分) と、その利用側における利用プロセス (右下の部分) の関係を示し、さらにそこにUX評価 (ブルー) を位置づけたものである。

図の開発プロセスは、図5-1を短縮したものである。それによると、開発は、おおよそ、企画に始まり、次いで設計が行われ、以後、製造、販売と続く。この設計の段階には、利用状況の調査や

それに基づく要求の明確化、そしてデザインと評価の反復が含まれている。この際の評価で行われるのが本書の前半で扱われているユーザビリティ評価である。

一方、利用プロセスは、UX白書に描かれたUXモデルと類似している。まず消費者における問題意識があり、そこに開発プロセス側から新たな製品やサービスの情報が与えられると、それに対する予想や期待が生まれる。次に、その製品を購入したり入手したり、あるいはサービスの利用を開始したりする。この段階から消費者はユーザーとなる。それ以後、長期間（製品やサービスによっては短期間のこともある）の実利用の時期に入る。強いて区別すれば、それは初期利用の段階とその後の長期的利用とに分けられる。最後にその利用を中止したり、製品を廃棄したりする。これは製品やサービスから見ればライフサイクルであり、それらが実環境で実ユーザーによって利用されている期間と考えれば、製品やサービスを経験する期間でもある。

UX評価は、この利用プロセス全体を調べるものであり、利用実態調査という意味ではユーザー調査と見ることもできる。

すでに1.4.2項においても説明したように、重要なのは、UX評価から得られた結果を如何に次の開発サイクルにフィードバックするか、ということである。UX評価から企画や設計（利用状況理解）に戻る矢印が描かれているが、これを的確に実施することで、次のバージョンや類似の目的を持った新規な製品やサービスの開発は、よりユーザーの利用実態に適合したものとなる。一般にUX評価を行う部署と企画や設計を行う部署は異なっているので、それらの部署の間に緊密な情報交換の場を設定することが重要となる。

このようにしてUX評価の情報を開発サイクルに適切にフィードバックすることにより、製品やサービスを、よりユーザーの満足度を高めるものにすることができる。

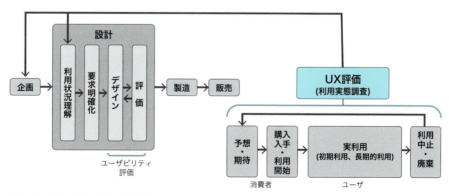

図5-24 開発プロセスと利用プロセス

付 録

　付録としては、第3章のユーザビリティテストで利用した、(A) テスト参加者用アンケート、(B) 進行シート、(C) 報告書（パワーポイントスライドの形式）を掲載した。第3章の本文と合わせて活用していただきたい。

付録A：テスト参加者用アンケート

スマホアプリ調査に関する事前アンケート

来る7/2の調査にご協力ありがとうございます。当日の調査に先立ち、以下のアンケートのお答えいただけますと幸いです。お手数ですがご協力よろしくお願い致します。

*必須

1. Q1-1. あなたご自身を含めた同居ご家族の中で、次にあげるご職業に従事されている方がいらっしゃいましたら、該当するものをすべてお知らせください。 *

    1 つだけマークしてください。

    - ◯ 1. 広告、マーケティング、市場調査、広報渉外関係
    - ◯ 2. ウェブデザイン
    - ◯ 3. コンピュータのハードウェアの開発、営業、サービス関係
    - ◯ 4. コンピュータのソフトウェアの開発、営業、サービス関係
    - ◯ 5. テレコム、携帯電話関係
    - ◯ 6. 家事代行サービス関係
    - ◯ 7. わからない
    - ◯ 8. 上記のいずれにも該当しない

2. Q1-2. 【コンピュータのソフトウェアの開発、営業、サービス関係】、【テレコム、携帯電話関係】にお勤めなのは、ご家族のどなたですか。（複数選択可） *

    1 つだけマークしてください。

    - ◯ 1. ご自身
    - ◯ 2. 配偶者
    - ◯ 3. 子ども
    - ◯ 4. 両親
    - ◯ 5. 義両親
    - ◯ 6. 祖父母
    - ◯ 7. 兄弟／姉妹
    - ◯ その他：＿＿＿＿＿＿＿＿＿＿＿＿＿＿＿＿

3. **Q1-3-1. あなたがお勤めの業種・職種をお知らせください。 例）IT関係でシステム開発の仕事をしている** *

   _____

4. **Q1-3-2. 配偶者がお勤めの業種・職種をお知らせください。 例）IT関係でシステム開発の仕事をしている** *

   _____

5. **Q2. あなたの性別をお知らせください。（1つ選択）** *

   1つだけマークしてください。

   ◯ 男性
   ◯ 女性

6. **Q3. あなたの年齢をお知らせください。（1つ選択）** *

   1つだけマークしてください。

   ◯ 20代
   ◯ 30代
   ◯ 40代
   ◯ 50代
   ◯ 60代
   ◯ 70代

7. **Q4. あなたがお住まいの地域をお知らせください。（1つ選択）** *

   1つだけマークしてください。

   ◯ 埼玉県
   ◯ 千葉県
   ◯ 東京都
   ◯ 神奈川県
   ◯ その他

8. **Q5. あなたの婚姻状況をお知らせください。（1つ選択）** *

    1つだけマークしてください。

    ○ 未婚
    ○ 既婚
    ○ 離死別
    ○ 答えたくない

9. **Q6. あなたのご職業をお知らせください。（1つ選択）**

    1つだけマークしてください。

    ○ 会社・団体の経営者・役員
    ○ 会社員
    ○ 公務員
    ○ 自営業・自由業
    ○ 専業主夫・主婦
    ○ パート・アルバイト
    ○ 学生
    ○ 無職
    ○ その他:

10. **Q7. あなたが同居されている人数をお知らせください。(1つ選択)※本人は除いてお答えください。** *

    1つだけマークしてください。

    ○ 1人
    ○ 2人
    ○ 3人
    ○ 4人
    ○ 5人以上
    ○ 同居している人はいない（一人暮らし）

11. **Q8. あなたは、スマートフォンを保有し、利用していますか？（1つ選択）** *

    1つだけマークしてください。

    ○ はい
    ○ いいえ

12. **Q9. 現在お使いのスマートフォンはiPhoneですか？Androidですか？（複数回答可）** *

    当てはまるものをすべて選択してください。

    - [ ] iPhone
    - [ ] Android
    - [ ] その他
    - [ ] わからない、憶えていない

13. **Q10-1. これまでご自身でアプリをインストールしたことはありますか？（1つ選択）**

    1つだけマークしてください。

    - ○ はい
    - ○ いいえ

14. **Q10-2. 過去2ヶ月以内にアプリをインストールしましたか？（1つ選択）※他者の協力があっても構いません。**

    1つだけマークしてください。

    - ○ はい
    - ○ いいえ

15. **Q11. ご自分のスマートフォンを使ってよく利用しているアプリやサービスを教えてください。（複数選択可）** *

    当てはまるものをすべて選択してください。

    - [ ] Facebook
    - [ ] Twitter
    - [ ] LINE
    - [ ] Youtube
    - [ ] Instagram
    - [ ] インターネット
    - [ ] メール
    - [ ] オンラインショッピング
    - [ ] ソーシャルゲーム
    - [ ] ニュース
    - [ ] 音楽
    - [ ] オンラインバンキング
    - [ ] おサイフケータイ
    - [ ] その他:

16. **Q12. 家事を誰かに頼んだことはありますか？（複数選択可）** *

    当てはまるものをすべて選択してください。

    - ☐ 部屋・屋外・水周り掃除
    - ☐ 洗濯
    - ☐ 買い物
    - ☐ 料理
    - ☐ アイロン
    - ☐ 衣類修繕
    - ☐ ない

17. **Q13. 家事代行サービスを利用したいと思いますか？** *

    1 つだけマークしてください。

    - ○ はい
    - ○ いいえ

18. **Q14-1. これまでに家事代行サービスを利用したことはありますか？** *

    1 つだけマークしてください。

    - ○ はい
    - ○ いいえ

19. **Q14-2. 利用したことのある家事代行サービス名を教えてください。（自由回答）** *

    _____

20. **最後にあなたの名字をローマ字でお書き下さい。　例) Tanaka** *

    _____

付録B：進行シート

番号：_____

～目的～

家事代行サービスアプリ「DMM Okan」において、ユーザーがサービスの内容を正しく理解し、家事代行の予約までをスムーズに行うことができるかどうかを検証する。

【タスク1】自由探索＋家事代行予約（「ログイン」画面まで）
- アプリ説明画面において、ユーザーにどのような情報が伝わっているのか
- 初回起動時に表示されるアプリ説明画面の内容は適切か（読むか/読まないか/読んだ場合どこまで理解して先へ進んだか、全タスク終了後の事後アスキングにて確認）
- 初回起動後の自由探索において、家事代行の予約まで進めるか/アプリの使い方を理解できているか/UIは適切かを検証

【タスク2】サービスの利用登録（「利用規約に同意する」画面まで）
- 予約画面において、ユーザーが迷わず登録までできるかどうかを検証
- 最寄駅入力画面において、左上「＜新規登録」ボタンの違和感がないか検証

【タスク3】特定の家事ができる担当者を探す
- 「担当者を絞り込む」画面に気付くかどうか/絞り込む画面のUIは適切か

【タスク4】担当者の情報を見る
- 担当者のプロフィールに気付くかどうか/見ることができるかどうか
- プロフィール表示のUIは適切か

～はじめに（5分/5分）～

本日は調査にご協力いただきまして、ありがとうございます。
私は進行を担当します、○○と申します。よろしくお願いいたします。

今日はとあるスマホアプリを使ってみていただいて、ご意見を伺う予定です。時間は45分を予定しています。サービス運営側からの依頼を受けて、実際のユーザーに近い方々に直接ご意見をお聞きしようということになりました。
私はこのアプリの制作者でも、関係者でもないので何を言われても傷つきません。また、正解も不正解もありませんので、思ったことを率直にお話ください。

さて、調査の前にご了承いただきたいことがあります。
まず、調査の様子を録音させていただきます。また、私の仲間が別室でメモを取らせていただいています。調査結果の報告の際には、個人が特定できる形で報告されることはありませんのでご安心ください。
次に、こういう調査に関する入門書に事例として掲載させていただく予定です。先ほどと同様に個人が特定できるような形で本に載ることは決してありませんので、どうぞご安心ください。
ここまでで何かご質問や心配なことはありますか？それでは調査を始めます。（●録画スタート）

事前アスキング（5分/10分）

01. まずご自身について伺いたいと思います。お名前、年齢、ご家族構成（年齢も）を教えていただけますか？

お名前：　　　　　　　　　性別：　男性　・　女性　　　　　年齢：

家族構成（年齢）：

02. お仕事はされていますか？どんなお仕事ですか？

03. スマートフォンは何をお使いですか？スマートフォンを使い始めてどれくらい経ちますか？

04. どんなときにスマホを利用していますか？

☐LINE　　☐メール　　☐SNS　　☐電話　　☐カメラ
☐インターネット　　☐天気　　☐その他

05. アプリは何か入れていますか？普段よく使うアプリを教えてください。
※すぐに出てこなければホーム画面を見せていただく

☐LINE　　☐メール　　☐Facebook　　☐Instagram　　☐クックパッド
☐メルカリ　　☐写真関連　　☐ニュース　　☐天気　　☐その他

06. 家事代行サービスを利用したことはありますか？

☐ある　　　　　☐ない

07. ＜使ったことがある方＞どんな内容（家事内容/どこに依頼したか）でしたか？利用してみていかがでしたか？

08. ＜使ったことがない方＞家事代行を利用したいと思いますか？なぜですか？

☐利用したい　　　☐利用したくない

09. ＜使ったことがない方＞家事を依頼するとしたら、どうやって探しますか？

10. どんな家事を頼みたいですか？なぜですか？

☐部屋掃除　　☐水回り掃除　　☐買い物　　☐アイロン　　☐屋外掃除
☐洗濯　　　　☐料理　　　　　☐衣類修繕　☐特になし　　☐その他

〜UT開始（トータル25分）

さて、それではこれからとあるスマホアプリを触っていただきたいと思います。家でリラックスして自分のスマホを触っていると思ってください。
まずお願いがあります。見ているだけでは頭の中まではわからないので、操作しながら思ったことがあれば些細なことでもかまいませんので、口に出しながらやっていただけると助かります。まず私が例としてやってみますね。

デモ：私が渋谷から人形町までの最短の行き方を知りたいとすると、ここ押してパスワードをいれて、乗換案内のアプリを使いたいのでアイコンを押します。行き先を入力したので検索を押します。行くつか行き方があるみたいですね。他の行き方を見るにはどうしたらいいのかな。

・・・といった感じでやっていただけるとうれしいです。練習してみましょうか。
家で一人でやってたら、ここで止めてると思う場面があれば教えてください。

【タスク1】自由探索＋家事代行予約（10分/20分）
「依頼内容の確認」画面まで

○○さんが、テレビもしくは口コミなど、どこかでこういうサービスがあることを知ったとします。（LPのキャプチャを見せて、読んでもらう）

気になったのでインストールして使ってみることにしました。こちらにスマホをご用意しています。家でリラックスして自分のスマホを触っていると思ってください。
それでは早速アプリを開いて、自由に見たり操作したりしてみてください。利用してみようと思った場合は実際にそういう操作までしてみていただいて結構です。
※もし依頼しようとしたら一旦止めてアスキング、依頼しないで止めたらその理由も込みでアスキング
※「自由に操作したり」→「このアプリについて勉強してみて」でも可
※迷ってなかなか進まない場合、3分くらいで切り上げてサービスの概要について聞く「LPの情報以外のことがわかりましたか？」

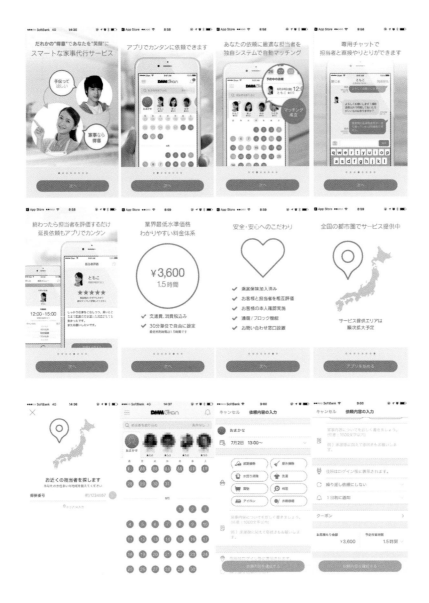

<観察>

□アプリ説明画面(しっかり読んだ/ざっと読んだ/スライド　　枚目まで)
□プッシュ通知(許可した/許可しなかった)
□担当者(おまかせ/特定の担当者を選んだ)
□依頼しようとした
□依頼しないで止めた　→→理由を聞く

<閲覧した画面>

☐ 担当者絞り込み画面　→→見た場合、【タスク3】は省略してアスキング1-02へ
☐ 担当者プロフィール　→→見た場合、【タスク4】を省略してアスキング1-03へ
☐ 右上お知らせ
☐ 左上ハンバーガーメニュー
　　登録情報・利用履歴・規約・クーポン・利用ガイド・よくある質問

1-01. ＜担当者おまかせ/特定の担当者＞を選びましたがそれはどうしてですか？

1-02. (※担当者絞り込み画面を見た場合)先ほど担当者絞り込み画面をご覧になっていましたが、何ができると思いましたか？

1-03. (※担当者プロフィールを見た場合)　○○さんの得意な家事/家事歴は何でしょうか？

1-04. (※迷っているところがあった場合)迷われていたようでしたが...迷ったところはありましたか？どの部分ですか？どうして迷ったのですか？やりづらかった点、困った点などありましたか？

1-05. ※特徴的な動きをしていた場合は理由をきく

＜タスクを達成できたか＞

☐ 家事を依頼できた　　☐ 迷ったけど依頼できた　　☐ 依頼できなかった　　☐ 依頼しようとしなかった

【タスク2】サービスの利用登録（5分/25分）
「利用規約に同意する」画面まで

それでは、このまま利用登録をしてみてください。
※「利用規約に同意する」画面でストップする
　（途中DMMアカウントが必要な場面でモデレーターが入力する）

ID	xxxxxxxxxxx@gmail.com
PASS	xxxxxxxxxxx

2-01. (※迷っているところがあった場合)迷われていたようでしたが…迷ったところはありましたか？どの部分ですか？どうして迷ったのですか？やりづらかった点、困った点などありましたか？

<最寄駅入力画面入力後、左上「＜新規登録」で戻れたか＞

□ 最寄駅入力画面の戻り方で迷った　　□迷わなかった

2-02. ※特徴的な動きをしていた場合は理由をきく

<タスクを達成できたか＞

□利用登録できた　　□迷いながら利用登録できた　　□利用登録ができなかった

【タスク3】担当者を絞り込む（5分/30分）

先ほど、誰にお願いしたいとおっしゃっていた、○○の家事（何もなければ衣類修繕）をお願いできる担当者はいるでしょうか？探してみてください。

※プロフィール画面を開いた場合は再誘導「衣類修繕の家事をお願いできる担当者だけが表示されるようにできます」「絞り込む」という言葉を使わない！

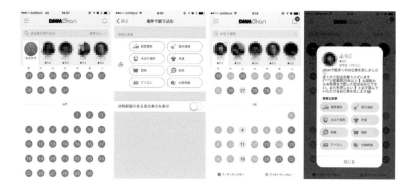

3-01. （※迷っているところがあった場合）迷われていたようでしたが...迷ったところはありましたか？どの部分ですか？どうして迷ったのですか？やりづらかった点、困った点などありましたか？

3-02. 担当者を絞り込む　を押したときに何が起きると思いましたか？

□フリーテキスト入力ができると思った

3-03. ※特徴的な動きをしていた場合は理由をきく

【タスク4】担当者プロフィールを見る（5分/35分）

お願いする前に担当者について詳しく知りたいと思いますか？

＜知りたいこと＞

□年齢・年代　　□性別　　□住んでいる場所　　□口コミ　　□人柄　　□ペット対応　　□その他

なるほど。それでは、それぞれの担当者の得意な家事と家事歴を確認してみてください。

4-01. どこをどう操作すれば担当者の詳細が見られるか、わかりましたか？

4-02. ※特徴的な動きをしていた場合は理由をきく

＜タスクを達成できたか＞

□担当者プロフィールを見た　　□迷いながら見た　　□見られなかった

～事後アスキング（10分/45分）～

01 アプリの説明画面を＜よく読む/ほとんど読まない＞で進まれましたが、普段も同じような感じですか？
（※いつもと違う状況であればなぜか？）

02 一番最初にアプリの説明を＜よく読んでから/ほとんど読まずに＞先に進まれましたが、このアプリ説明から何が読み取れましたか？
※必要に応じて説明画面を出してあげる（左上メニュー＞利用ガイド）

☐ サービスの概要について理解した
☐ 自動マッチングについて理解した
☐ 依頼後の流れについて理解した（チャット機能が使えるなど）
☐ 担当者の評価について理解した
☐ 料金について理解した
☐ 保険・安全安心へのこだわりについて理解した
☐ 利用可能エリアについて理解した

03. 全体を通して、わからなかったところはありますか？

04. 見た目の印象はいかがですか？使いづらい、見づらいところはありましたか？

05. 家事代行のサービスアプリを使ってみていかがでしたか？○○さんが今後、家事代行が必要になったときにこのアプリを使うと思いますか？

□使うと思う　　　　□使わないと思う

06. ＜使いたい/使わない＞のはどうしてですか？
※他の家事代行サービスを使ったことのある人は比較してどうか？

07. ＜使いたいと思う人＞もっとこうだったらいいと思うことはありますか？

08. ＜使わないと思う人＞どういうところが改善されると使いたいと思えますか？

09. 他に開発者にこれだけは伝えたいというコメントや要望などありますか？

調査は以上になります。何か言い忘れたことはありますか？
本日は大変貴重なご意見をいただきまして、ありがとうございました。（■録画おわり）

※UT終了後、モデレータはアプリを初期化する

【iPhone】
1. ホーム画面＞アプリアイコン長押し＞削除
2. App Store ＞Okanを再インストール

【Android】
1. ホーム画面＞アプリアイコン長押し＞アンインストール
2. Playストア ＞メニュー＞マイアプリ＞Okanを再インストール

付録C：報告書

一般ユーザ向けアプリ
模擬ユーザテスト報告書

近代科学社 HCDライブラリ Vol.7
模擬テスト運用チーム

調査目的

- 本調査は、近代科学社刊行予定のHCDライブラリ第7巻「ユーザビリティ評価」編に事例として掲載する為に実施された模擬ユーザビリティ調査である。

- DMM社の家事代行サービスDMM Okan向けスマホアプリ「DMM Okan」（一般利用者向け）を評価対象とし、想定ターゲット層の利用者が最低限の予備知識からスムーズに利用開始できるかどうかを調査目標とした。

評価概要

- 手法：ユーザーテスト（45分 1 on 1）
- 対象プロダクト：DMM Okan専用スマホアプリ
  - iOS版、Android版をテスト参加者の普段利用しているOSにあわせて使用
  - 2017年7月2日時点の最新版（iOS:1.4.0、Android:1.4.1）
  - 評価機に使用した端末（テスト参加者の普段使うOSで選択）
    - iPhone6 (4.7inch)
    - Nexus6 (6inch)
- 実施日：2017年7月2、5、6日
- 実施場所：都内リサーチルーム等
- テスト参加者：シニア3名を含む7名男女（詳細は次項）

テスト参加者属性一覧

	シニア枠				一般枠		
	Sn1	Sn2	Sn3	Sn4	Sn5	Sn6	Sn7
性別	男	女	女	女	女	男	男
年齢	41	36	64	36	36	36	36
リテラシー/職業	中/会社経営	低/華道の先生、フラワーコーディネーター	高/ECプラットフォーム開発進行プロマネ	高/演奏、プロデューサー	高/Webサイトディレクター	高/Webエンジニア	
世帯構成	独居、ただし所有マンション内に妻(35)弟二人	母(81)(介護中)	娘(22)×2	夫(33)	夫(34)	妻(36)	妻(32)
使用スマホ	iPhone7、iPhone4台目	Android、Xperia、2年くらい	Android/スマホ歴1-6年くらい	iPhone7 約12.5s	iPhone5s	iPhone、4からずっと	Android、Xperia SOV33 スマホ歴10年くらい
主な用途	撮影、メール、天気、株、ニュース、検索、乗り換え、タイマー、辞書	家族とLINE、母と電話、生徒達とメール、SNSはF、SNSはあんまり	LINE、検索、ポイントカード、メール、SNS、ゲーム、Hangout、Google+、音楽	通勤などLINE、Facebook Messenger、Yahoo関係、Googleマップ、まとめ、ニュース	Googleマップ、カメラ、メール	電話、LINE、Googleアシスタント、Gmail、サモナーズウォー、Facebook(見るだけ)、Instagram、Googleニュース、Yahooニュース	
家事代行利用経験	10年以上前にダスキン。実家では毎年クリーニング業者にアパート清掃を依頼。	なし。	なし。	なし。	今は暮らしているが、料理を作ってくれるとかで家事するのも大好き。掃除機掛けが苦手なことに、掃除を専門性の高いものの認識がある。	なし。自分でやっても片付ける。	
家事代行関心度	普段の掃除はだいたい一人でやっているが、年の大掃除などで窓拭きなど大変な場面を一人でやり切れる自信がないので大きな家事の動きか力仕事、年を取って依頼になったのはエアコンのクリーニング。	仕事+介護で食事の用意が大変で関心はある。	エアコンや洗濯機の掃除など、自分で片付きりにくいもの。	ものが多いので片付けたいものとして掃除、洗濯、料理。とはいえスキンシップのイメージに近く、家事を頼むことには抵抗あるものでFacebookとかで広くは開きづらい。	関心はある。掃除、Webで探す、会社として、はダスキンとかのイメージで高いのだろう	汚れがひどくなったら、掃除、洗濯、物、孫、子供の世話や伯母の姉達	ベランダの片付けとか掃除かな	

調査ステップ

- 事前ERによる懸念点抽出
- タスク案（個別に複数作成した後統合）
- 教示／進行シート作成
- パイロットテスト
- 実査（三日間）
- 観察記録を元にサマリー（別添資料2）作成
- 報告書作成
- 簡易報告会

仮説／事前懸念点

- 事前ERにおいて、下記の点が要検証項目として挙がった。
  - 初回起動時のガイドでサービス概要が適切に伝わるか（読まれるかどうかも含む）
  - 絞り込み機能の入り口に気付けるか
  - プロフィール画面の開き方に気付けるか
  - プロフィール画面の「得意な仕事」アイコンをグレーアウトと取り違えないか
  - 絞り込みや登録フォームの最寄り駅入力画面など、左上の前画面名をラベルとした戻るボタンで入力内用が反映されるか不安にならないか

セッションの流れ／タスク

- 要検証部分に触れるタスクセットを以下の通り設計した（45分）
    - 事前アスキング（プロフィール確認）
    - タスク1：初回起動〜依頼画面まで自由探索
    - タスク2：利用登録（DMMアカウント登録を除く）
    - タスク3：特定の家事ができる担当者を探す（絞り込み）
    - タスク4：担当者の情報を見る（プロフィール画面）
    - 事後アスキング（感想、利用意向など聞き取り）

（詳細な進行シートは別添資料1を参照）

タスク1：初回起動〜依頼画面まで自由探索

- （LPの説明画像を見せ）「自由に見たり操作したりしてみてください。利用してみようと思った場合は 実際にそういう操作までしてみていただいて結構です。」

（依頼を完了しログイン画面が出たら終了）

- 検証ポイント
    - 初回起動時ガイドの読まれ、助けになるか
    - 基本画面（カレンダー）の構成を理解できるか
    - 依頼画面を正しく記入できるか

タスク2：利用登録（DMMアカウント登録を除く）

- （DMMログイン画面から）「それでは、このまま利用登録をしてみてください。」

（DMMアカウント情報は事前に用意したものをモデレーターが入力）

- 検証ポイント
    - 記入を完了できるか
    - 最寄り駅情報入力後、「＜新規登録」ボタンで戻れるか

タスク3：特定の家事ができる担当者を探す（絞り込み）

- （基本画面から）「〇〇の家事をお願いできる担当者はいるでしょうか？探してみてください」

- 検証ポイント
  - 絞り込み機能に気付けるか
  - 絞り込み操作を行えるか

タスク4：担当者の情報を見る（プロフィール画面参照）

- （基本画面から）「それぞれの担当者の得意な家事と家事歴を確認してみてください」

- 検証ポイント
  - プロフィール画面を呼び出せるか
  - タブ選択状態との関係を理解できるか
  - (i)アイコンに気付いて手がかりにできているか
  - 表示内容を理解できるか
  - 表示内容に過不足はないか

結果

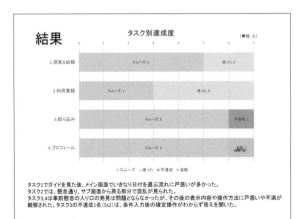

タスク1でガイドを見た後、メイン画面でいきなり日付を選ぶ流れに戸惑いが多かった。
タスク2では、懸念通り、サブ画面から戻る部分で混乱が見られた。
タスク3,4は事前懸念の入り口の発見は問題とならなかったが、その後の表示内容や操作方法に戸惑いや不満が観察された。タスク3の不達成1名（Ss2）は、条件入力後の確定操作がわからず答えを聞いた。

発見された問題点サマリ

ID	部位	タイトル	致命度	要素
1	ガイド、トップ	利用イメージ、情報の不足	A	情報提示
2	入力フォーム共通	サブ入力画面からの戻り方の違和感	C	ナビゲーション
3	入力フォーム共通	タップ可能箇所の判別困難	C	画面デザイン
4	入力フォーム共通	シニア層における視認性不足の指摘	A	画面デザイン
5	トップ	担当者選択時のカレンダーリロードの不満	B	ナビゲーション
6	トップ	カレンダー凡例欠如による色分けの理解困難	C	画面デザイン、バグ

- 致命度 凡例
  - A... サービスの印象を落としたり、離脱につながる恐れのある致命度の高い問題
  - B... 習熟後も継続的に不便や非効率性を感じる可能性がある問題
  - C... 導入時に戸惑いを感じたり困ったりする可能性がある問題

致命度：A

1. 利用イメージ、情報の不足

部位：ガイド、トップ　　要素：情報提示

- UTという場面上、普段より丁寧にガイドを閲覧された可能性があるにも関わらず、重要な情報があまり伝わっていなかった。
- 結果的に、いきなりカレンダー画面が出て依頼日付を選ばせられる流れに唐突さを感じ戸惑った。
- 「まずどんなことを依頼できるのかわからない」という指摘が目立ち、8つの作業カテゴリだけでなく、具体的な利用シーンがイメージできるUIや説明コンテンツが必要と感じられた。
- 依頼後もチャットでやりとりをするというフローを想像できていなかった。
- またガイドにある担当者評価の仕組みも、現状☆スコアでしか確認できず不満と不安が拭えなかった。自宅に上げる相手の選択には、通常のECサービス以上にユーザコメントの閲覧や、事前の対話(質問欄)などが求められた。

致命度：C

2. サブ入力画面からの戻り方の違和感(1)

部位：入力フォーム共通　　要素：ナビゲーション

- iOSのUINavigationControllerのように、左上にテキストリンクによる前画面に戻るナビゲーションは標準的な動作だが、その際の入力内容の反映動作に関して混乱があった。
- AとBは同じ文言だが、入力内容が取り消されるかどうかが一貫していない。
- Cの例は戻り先の画面名が単独のファンクションを感じさせる。
- 悩みつつも消去法でそれしかないだろうと押すことはできた。
- 明示的な「確定」「完了」のようなボタンを欲する声が多かった。

2. サブ入力画面からの戻り方の違和感(2)

致命度：C

部位：入力フォーム共通　要素：ナビゲーション

サブフォームに明確な確定UIが見当たらないために、二次的な混乱も観察された。

- Bでは画面最下部にあるスイッチをそれと誤認した。
    - 文言もやや曖昧で、受託経験がある人、の意味にとった者もいた。
- Cで最寄り駅欄を3駅全て入れないと終われないと考えた者もいた。

「＜戻る」よりも、馴染の最下部に「次安/完了」があるだろうというメンタルモデルが勝った

)駅入力しても次にするべきことがわからず、空欄を埋めるしかないのかと考えた

3. タップ可能箇所の判別困難

致命度：C

部位：入力フォーム共通　要素：画面デザイン

- 全体に、テキストがグレートーンで、グレーアウトしたプレースホルダーテキストと区別がつきにくいなどの理由で、タップできない箇所をタップしようとする例が多く観察された。
- また依頼内容の入力画面と確認画面で配色やレイアウトがほぼ同一な為、画面違いに気付かず確認画面のまま修正しようと何度もタップした場面があった。
- 要素毎、画面モード毎の描き分けを徹底することが望ましい。

写真プレースホルダーやカメラアイコンはタップされなかった。

ラベル部分をタップして入力しようとした。

確認画面で、内容を修正しようとしてタップした。

4. シニア層における視認性不足の指摘

致命度：A

部位：入力フォーム共通　要素：画面デザイン

- シニア参加者から視認性に関する不満が聞かれた。
- ラベルとプレースホルダーの見分けが付かず、文字入力したくラベルを何度もタップする様子が見られた。(→ビデオ1)
- 普段からiOSのアクセシビリティ機能で「文字を太くする」を使用していたので評価機でも同様にしてみたが、満足の行く結果にならなかった。文字サイズを調整するDynamic Type設定も反映されないようで、アクセシビリティ対応の不足を感じられる。
- ガイドの画像についてもピンチ拡大しようとする様子が見られた。

グレーアウト部分以外にもグレー字が多用されている

ピンチしようとした画面

5. 担当者選択時のカレンダーリロードの不満

致命度：B
Ver1.7.0で改善

部位：トップ　　要素：ナビゲーション

- トップ画面で担当者毎の空き状況を閲覧する際、担当者のサムネイル行を水平スワイプするが、指を離して左端のサムネイルが確定される度にカレンダーが強制更新される。この読み込みが非同期処理になっておらず完了まで操作を受け付けなくなる為、操作レスポンスの面で不満が聞かれた。より多くの担当者名、写真をブラウズしたい時に非効率的である。

- 読み込みを非同期化（別スレッド化）し、読み込み中でもサムネイル行のスワイプなど他の操作ができると良い。

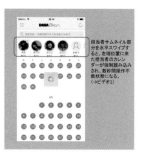

担当者サムネイル部分を水平スワイプすると、左端位置に来た担当者のカレンダーが強制読み込みされ、数秒間操作不能状態になる。（→ビデオ2）

6. カレンダー凡例欠如による色分けの理解困難

致命度：C

部位：トップ　　要素：画面デザイン、バグ

- カレンダー画面におけるマッチングしやすさを示す色分けの凡例が、出るケースと出ないケースがあり、テスト環境では出ない場合が多かったため、意味をつかめなかった。
- 利用初期においては非常に有用な情報であるため、環境に関わらず表示されるよう改善が望まれる。

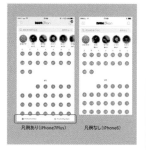

凡例あり(iPhone7Plus)　　凡例なし(iPhone6)

その他所見

- ケースとしては少なかったが、印象的だった観察やコメント
    - 利用登録時、AndroidOSの写真アクセスの許可ダイアログメッセージに不安。同ダイアログでは撮影対象が明示されずに撮影許可を求めるので、「写真？我が家の？？ウチの様子を写真にとって説明する？」などと戸惑った（Ss2→ビデオ1）
    - プロフィールでの「得意な家事」バッジ表示が、絞り込み画面でのスイッチと似ており、Yes/Noでバッジが増減するのか、グレーアウトなどで色がかわるのか判断に迷った（事前懸念点、Ss3→ビデオ2）
    - 利用開始時の郵便番号入力で、自宅の番号が不確かなまま入れたが、エリア（都道府県）しか表示されないので正しかったか不安なままであった（Ss4）
    - 依頼画面で勝手に13時が決め打ちされていることに違和感、驚き（Ss2）

ハイライトビデオ1（空タップ、撮影許可）

ハイライトビデオ2（得意家事表示、タブ動作）

まとめ

- 新奇なサービスであり、一般の他人を自宅に上げるサービスである不安を払拭できるよう、より実際の依頼の流れや内容についてイメージできるコンテンツやコミュニケーション（経験談、動画、レビュー等）が必要
- 操作可能要素、不可能要素の描き分けを徹底する。またアクセシビリティ対応も強化することが望ましい
- 希望日時ありきのカレンダーUIだけでなく、担当者選びを様々な条件、要素でじっくり行えるフローが望まれているのではないか（現状カレンダービューの重さで阻害されている）

引用文献

[ ]は引用章番号を表す

A

安藤昌也（2007）"長期的ユーザビリティの動的変化―利用状況の変化とその影響" 総研大文化科学研究, pp. 31-45 [5]

B

Bailey, B. (2014) "Usability Testing: An Early History" http://webusability.com/usability-testing-a-early-history/ [3]

Benedek, J. and Miner, T. (2002) "Measuring Desirability: New Methods for Evaluating Desirability in a Usability Lab Setting" Proceedings of Usability Professional Association [4]

Bevans, G.E. (1913) "How Workingmen Spend Their Time" (Unpublished Doctoral Thesis), Columbia University [5]

Bradley, M.M. and Lang, P.J. (1994) "Measuring Emotion: The Self-Assessment Manikin and the Semantic Differential", Journal of Behavior Therapy and Experimental Psychiatry, 25(1), pp. 49-59 [5]

Brooke, J. (1996). SUS: A "quick and dirty" usability scale." In P. W. Jordan, B. Thomas, B. A.Weerdmeester, & A. L. McClelland (Eds.), Usability Evaluation in Industry. London: Taylor and Francis. [4]

C

Carmichael, I., Hogan, H.P., and Walter, A.A. (1932) "An Experimental Sudy of the Effect of Language on the Reproduction of Visually Perceived Form", Journal of Experimental Psychology, 15(1), pp.73-86 [5]

Csikszentmihalyi, M. and Larson, R. (1987) "Validity and Reliability of the Experience-Sampling Method", Journal of Nervous and Mental Disease, 175, pp.526-537 [5]

D

Desmet, P.M.A. (2002) "Designing Emotions" PhD Thesis, Delft University of Technology, Delft, The Netherlands [5]

Desmet, P.M.A. (2004) "Measuring Emotions. Development and Application of an Instrument to Measure Emotional Responses to Products" In M.A. Blythe, A.F. Monk, K. Overbeeke, P.C. Wright (Eds.), "Funology: from Usability to Enjoyment" Kluwer [5]

Desmet, P.M.A., Overbeeke, C.J. and Tax, S.J.E.T. (2001) "Designing Products with Added Emotional Value: Development and Application of an Approach for Research Through Design" The Design Journal, 4(1), pp. 32-47 [5]

E

Ebbinghaus, (1885/1913) "Über das Gedächtnis (later translated into English as 'Memory: A Contribution to Experimental Psychology'", Teachers College, Columbia University [5]

Ekman, P. ed. (1973) "Darwin and Facial Expression: A Century of Research in Review" Academic Press [5]

G

Gegner, L. and Runonen, M. (2012) "For What It Is Worth: Anticipated eXperience Evaluation" 8th International Conference on Design and Emotion [5]

Godden, G., & Baddeley, A.D. (1975) "Context-dependent memory in two natural environments: On land and underwater", *British Journal of Psychology*, 6, pp. 355-369 [2]

Gothelf, J. and Seiden, J. (2013) "Lean UX: Applying Lean Principles to Improve User Experience" O'Reilly Media（坂田一倫（監修）, 児島 修（訳）(2014)"Lean UX ―リーン思考によるユーザエクスペリエンス・デザイン" オライリージャパン）[3]

H

Hashizume, A., Ueno, Y., Tomida, T., Suzuki, H., and Kurosu, M. (2016) "Web Tool of the UX Graph", ISASE2016 Proceedings [5]

Hassenzahl, M. (2001) "The Effect of Perceived Hedonic Quality on Product Appealingness", International Journal of Human-Computer Interaction, 13 (4), pp. 481-499 [5]

Hassenzahl, M., Burmester, M., & Koller, F. (2003) "AttrakDiff: A Questionnaire to Measure Perceived Hedonic and Pragmatic Quality (in German) " In: Ziegler, J., and Szwillus, G. (eds.) (2003) "Mensch & Computer", B.G. Teubner [4]

Hassenzahl, M., Platz, A., Burmester, M., and Lehner, K.

(2002) "Hedonic and Ergonomic Quality Aspects Determine Software's Appeal", Proceedings of the CHI 2000 Conference, ACM, pp. 201-208 [5]

Hektner, J.M., Schmidt, J.A., and Csikszentmihalyi, M. (2007) "Experience Sampling Method – Measuring the Quality of Everyday Life", SAGE [5]

Heuchert, J. and McNair, D.M. (2016) "Profile of Mood States, 2nd Edition" Psychometrics Assessment Catalogue (横山和仁 監訳 (2015)『POMS 2 日本語版マニュアル』金子書房) [5]

Hinds, P.J. (1999) "The curse of expertise", *Journal of Experimental Psychology*: Applied, 5 (2), pp. 205-221 [2]

Hochschild, A. (1989) "The Second Shift", Avon (Revised Edition: Hochschild, A. and Machung, A. (2012) "The Second Shift: Working Families and the Revolution at Home", Penguin Books [5]

http://www.idemployee.id.tue.nl/g.w.m.rauterberg/lecturenotes/common-industry-format.pdf [3]

http://www.jasst.jp/symposium/jasst13tokyo/pdf/D2-1_paper.pdf [3]

Hurst, M. and Terry, P. (2013) "Customers Included: How to Transform Products, Companies, and the World - With a Single Step" Creative Good [3]

I

Inc. AppleComputer (2004) "Apple Human Interface Guidelines: The Apple Desktop Interface (日本語版)" 新紀元社 [2]

ISO 9241-110 (2006) "Ergonomics of human-system interaction - Part 110: Dialogue principles" [2]

ISO 9241-210 (2010) "Ergonomics of human-system interaction - Part 210: Human-centred design for interactive systems" [2]

糸井重里、岩田聡(2007)"ほぼ日刊イトイ新聞:肩越しの視線" https://www.1101.com/iwata/2007-09-03.html [3]

Izard, C.E. (1977) "Human Emotions", Plenum [5]

Izard, C.E., Dougherty, F.E., Bloxom, B.M., and Kotsch, N.E. (1974) "The Differential Emotions Scale: A Method of Measuring the Subjective Experience of Discrete Emotions" Vanderbilt University Press [5]

K

Kahneman, D., Fredrickson, B.I., Schreiber, C.A., and Redelmeier, D.A. (1993) "When More Pain Is Preferred to Less: Adding a Better End", Psychological Science, 4 (6), pp.401-405 [5]

Kahneman, D., Krueger, A.B., Schkade, D.A., Schwarz, N., and Stone, A.A. (2004) "Method for Characterizing Daily Life Experience: The Day Reconstruction Method", American Association for the Advancement of Science, pp. 1776-1780 [5]

Karapanos, E., Martens, J-B., and Hassenzahl, M. (2012) "Reconstructing Experiences with iScale" Internaltional Journal of Human-Computer Studies, pp. 1-17 [5]

Karapanos, E., Zimmerman, J., Forlizzi, J., and Martens, J-B. (2009) "User Experience over Time: An Initial Framework", CHI 2009 Proceedings, ACM, pp. 729-738 [5]

Kirakowski, J. and Cierlik, B. (1998) "Measuring the Usability of Web Sites" Proceedings of the Human Factors and Ergonomics Society, 42nd Annual Meeting, p. 424-428 [4]

Kirakowski, J., Claridge, N. and Whitehand, R. (1998) "Human Centered Measures of Success in Web Site Design", 4th Conference on Humand Factors & the Web conference Proceedings [4]

Krug S. (2000) "Don't Make Me Think! A Common Sense Approach to Web Usability (Voices That Matter)" New Riders Press (福田篤人 (訳) (2016) "超明快 Webユーザビリティ ―ユーザーに「考えさせない」デザインの法則" ビー・エヌ・エヌ新社) [3]

Krug, S. (2009) "Rocket Surgery Made Easy:The Do-It-Yourself Guide to Finding and Fixing Usability Problems (Voices That Matter)" New Riders Press [2]

Kujala, S., Roto, V., Vaananen-Vainio-Mattila, K., Karapanos, E., and Sinnela, A. (2011) "UX Curve: A Method for Evaluating Long-Term User Experience" Interacting with Computers, 23, pp. 473-483 [5]

Kurosu, M. (2006) "Usability Engineering in Japan" http://uxpamagazine.org/usability_engineering_japan/ [3]

Kurosu, M. and Hashizume, A. (2008) "TFD (Time Frame Diary) – A New Method for Obtaining Ethnographic Information", APCHI 2008 Proceedings [5]

Kurosu, M. and Hashizume, A. (2014) "Concept of Satisfaction", KEER2014 Proceedings [5]

Kurosu, M., Hashizume, A., and Ueno, Y. (2018) "User

Experience Evaluation by ERM: Experience Recollection Method" HCI International 2018 Proceedings [5]

Kurosu, M. and Hashizume, A. (2019) "Can UX Over Time Be Reliably Evaluated? - Verifying the Reliability of ERM -", HCI International 2019 Proceedings [5]

黒須正明 (2009) "ヒューリスティック評価法の99％は間違っている？"
https://webtan.impress.co.jp/e/2009/08/19/6058 [2]

黒須正明 (2014) "UXカーブによる満足感の測定 - 機器利用とサービス利用の場合", 日本感性工学会第16回大会 [5]

黒須正明 (2015) "UXグラフによる満足感評価は累積的なものか新近的なものか" 日本感性工学会春季大会 [5]

黒須正明 (2018) "設計中にも使えるUX予測評価法" IID U-Site https://u-site.jp/lecture/ [5]

黒須正明、橋爪絢子 (2016) "UX評価のための新しい手法—経験想起法 (ERM) ", 日本感性工学会あいまいと感性研究部会 [5]

L

Larson, R. and Csikszentmihalyi, M. (1983) "The Experience Sampling Method" New Directions for Methodology of Social & Behavioral Science, 15, pp. 41-56 [5]

Laurans, G. and Desmet, P.M.A. (2006) . "Using Self-Confrontation to Study User Experience: A New Approach to the Dynamic Measurement of Emotions While Interacting with Products" In Desmet, P.M.A., van Erp, J. and Karlsson, M. (Eds.) , "Design & Emotion Moves" Cambridge Scholars Publishing [5]

Lewis, J.R. and Sauro, J. (2009) "The Factor Structure of the System Usability Scale" HCI International 2009 [4]

M

三宅芳雄、三宅なほみ (2014) 『教育心理学概論』放送大学教材 [2]

Mullainathan, S. and Shafir, E. (2013) "Scarcity: Why Having Too Little Means So Much" Times Books (大田直子 (訳) (2015) "いつも「時間がない」あなたに：欠乏の行動経済" 早川書房) [3]

N

仲川薫、須田亨、善方日出夫、松本啓太 (2001) "ウェブサイトユーザビリティアンケート評価手法の開発" ヒューマンインタフェースシンポジウム第10回 [4]

Nielsen, J., and Robert, L. M. (Eds.) (1994) "Usability Inspection Methods" Wiley [2]

Nielsen, J. (1993) "Usability Engineering" Academic Press (篠原稔和、三好かおる (訳) (2002) "ユーザビリティエンジニアリング原論—ユーザーのためのインタフェースデザイン" 東京電機大学出版局) [2] [3]

Nielsen, J. (1994) "Summary of Usability Inspection Methods"
https://www.nngroup.com/articles/summary-of-usability-inspection-methods/ [2]

Norman, D.A. (2009) "Memory is More Important Than Actuality", Interactions, March+April, pp. 24-26 [5]

Norman, D.A. (2013) "The Design of Everyday Things – Revised and Expanded Edition" Basic Books (岡本明、安村通晃、伊賀聡一郎、野島久雄 (訳) (2015) 『誰のためのデザイン？増補・改訂版 —認知科学者のデザイン原論』新曜社 [2]

O

Osgood, C.E. (1952) "The Nature and Measurement of Meaning", Psychological Bulletin, 49, pp.192-237 [4]

Osgood, C.E. (1957) "The Measurement of Meaning" University of Illinois Press [4]

P

Perfetti, C. "The Evolution of Usability Testing: An Interview with Dana Chisnell"
http://perfettimedia.com/articles/the-evolution-of-usability-testing-an-interview-with-dana-chisnell/ [3]

Plutchik, R. (1991) "The Emotions" University Press of America [5]

R

Reichheld, F. (2006) "The Ultimate Question: Driving Good Profits and True Growth" Harvard Business School Press [4]

Robinson, J.P. (1977) "How Americans Use Time: A Social-Psychological Analysis of Everyday Behavior", Praeger Publishers [5]

Roto, V., Law, E., Vermeeren, A., and Hoonhout, J. (2011) "User Experience White Paper – Bringing Clarity to the Concept of User Experience" http://www.allaboutux.org/uxwhitepaper [5]

Roto, V., Vermeeren, A., Vaananen-Vainio-Mattila, K. and Law, E. (2011) "User eXperience Evaluation – Which Method to Choose?" INTERACT2011 Tutorial TUT115 [5]

Rubin, J. and Chisnell, D. (2008) "Handbook of Usability Testing: How to Plan, Design, and Conduct Effective Tests, Second Edition" Wiley [3]

Runyan, J.D., Steenbergh, T.A., Bainbridge, C., Daugherty, D.A., Oke, L., and Fry, B.N. (2013) "A Smartphone Ecological Momentary Assessment/Intervention 'APP' for Collecting Real-Time Data and Promoting Self-Awareness", https://doi.org/10.1371/journal.pone.0071325 [5]

Russell, J.A. (1980) "A Circumplex Model of Affect", Journal of Personality and Social Psychology 39 (6), pp.1161-1178 [5]

Russell, J.A. and Bullock, M. (1985) "Multidimensional Scaling of Emotional Facial Expresssions: Similarity from Preschoolers to Adults." Journal of Personality and Social Psychology, 48, pp.1290-1298 [5]

S

坂野雄二、福井知美、熊野宏昭、堀江はるみ、川原健資、山本晴義、野村忍、末松弘行（1994）"新しい気分調査票の開発とその信頼性・妥当性の検討" 心身医学、34, pp. 629-636（堀洋道監修、山本眞理子編（2001）「心理測定尺度集Ⅰ―人間の内面を探る<自己・個人内過程>サイエンス社, pp. 249-254に全項目が掲載されている）[5]

Sauro, J. (2011) "A Practical Guide to the System Usability Scale" Measuring Usability LLC [4]

Sauro, J. (2013) "A History of Usability" http://uxmas.com/2013/history-of-usability [3]

Sauro, J. (2015) "SUPR-Q: A Comprehensive Measure of the Quality of the Website User Experience". Journal of Usability Studies, 10（2）, pp. 68-86 http://uxpajournal.org/supr-q-a-comprehensive-measure-of-the-quality-of-the-website-user-experience/ [4]

Sauro, J. and Lewis, J. R. (2012) "Quantifying the User Experience: Practical Statistics for User Research" Morgan Kaufmann [4]

Schlosberg, H. (1941) "A Scale for the Judgment of Facial Expressions" Journal of Experimental Psychology, 44, pp.229-237 [5]

Schubert, E. (1999) "Measuring Emotion Continuously: Validity and Reliability of the Two-Dimensional Emotion-Space" Australian Journal of Psychology, 51（3）, pp.154-165 [5]

Shneiderman, B. (1998) "Designing the User Interface: Strategies for Effective Human-Computer Interaction (Third Edition), Addison-Wesley（東基衛、井関治監訳（1993）"ユーザーインタフェースの設計　第2版 – やさしい対話型システムへの指針" 日経BP出版センター）なお、現在は、6th edition（2016）が刊行されており、和訳は第二版（1993）まで出版されている [4]

Shneiderman, B. (2016) "The Eight Golden Rules of Interface Design"
https://www.cs.umd.edu/users/ben/goldenrules.html [2]

Spillers, F. (2007) "Usability from WWII to the present- the historical origins of usability testing"
https://experiencedynamics.blogs.com/usability_testing_central/2007/02/the_history_of_.html [3]

Spolsky, J. (2001) "User Interface Design for Programmers" Apress [3]

Stone, A.A. and Shiffman, S. (1994) "Econlogical Momentary Assessment in Behavioral Dedicine", Annals of Behavioral Medicine, 16, pp.199-202 [5]

鈴木宏昭、植田一博、堤江美子（1998）"日常的な機器の操作の理解と学習における課題分割プラン," 認知科学, 5(1), pp.14–25 [2]

T

Tahti, M., and Arhippainen, L. (2004) "A Proposal of Collecting Emotions and Experiences", Volume 2 in Interactive Experiences in HCI, pp. 195-198 [5]

樽本 徹也著（2014）"ユーザビリティエンジニアリング第2版―ユーザエクスペリエンスのための調査、設計、評価手法" オーム社 [2]

樽本徹也（2015）"RITEメソッド"
https://www.slideshare.net/barrelbook/rite-48589601 [3]

Tullis, T. (2015) "The Evolution of User Research and Usability Testing: A Forty-Year Perspective"
https://vimeo.com/104852634 [3]

Tulving, E. (1972) "Episodic and Semantic Memory", in Tulving, E. and Donaldson, W. (eds.) "Organization of Memory" Academic Press, Chapter 10 [5]

U

Urokohara, H., Tanaka, K., Furuta, K., Honda, M. and Kurosu, M. (2000) "NEM: 'Novice Expert ratio Method', A Usability Evaluation Method to Generate a New Performance Measure"ACM SIGCHI 2000 Interactive Posters [3]

V

Vastenburg, M., Herrera, N.R., van Bel, D., and Desmet, P. (2011) "PMRI: Development of a Pictorial Mood Reporting Instrument", Extended Abstracts on Human Factors in Computing Systems (CHI'11) , pp. 2155-2160 [5]

von Wilamowits-Moellendorff, M., Hassenzahl, M., and Platz, A. (2006) "Dynamics of User Experience: How the Perceived Quality of Mobile Phones Changes Over Time", UX WS NordiCHI 2006, pp. 74-78 [5]

W

Wason, P. C. (1966) . "Reasoning". In Foss, B. M. *New horizons in psychology.* 1. Harmondsworth: Penguin. LCCN 66005291 [2]

Wheeler, L. and Reis, H.T. (1991) "Self-Recording of Everyday Life Events: Origins, Types, and Uses", Journal of Personality, 59, pp.339-354 [5]

Woodworth, R.S. (1938) "Experimental Psychology", Henry Holt [5]

Y

Yank, K. (2002) "Interview – Jakob Nielsen, Ph.D." https://www.sitepoint.com/interview-jakob-nielsen-ph-d/ [3]

索引

数字

2DES ································ 152, 153
3E ·································· 156, 157
8つの黄金律 ····························· 16
10ヒューリスティックス ············· 13, 14
10ユーザビリティ・ヒューリスティックス ································ 17

A

A/B/Cの三段階 ························· 92
A/Bテスト ·························· 15, 57
AllAboutUX ··························· 148
Anthropo-Centered ···················· ii
AttrakDiff ··························· 140

C

CIF ··································· 60
CORPUS ······························· 168

D, E

DES ·································· 151
DRM ·································· 163
EMA ·································· 160
Emo2 ································· 157
Emocards ····························· 154
ERM ·································· 177
ESM ·························· 159, 160

G, H

GTA ·································· 164
HCD ··································· ii

I, J

iScale ······························· 170
ISO 13407 ···························· 52
ISO 9241-110 対話の原則 ··············· 17
ISO 9241-210 ······················ 6, 15
JIS X 8341-3:2016 ···················· 30

N

NE比 ···························· 61, 91

NPS ······························ 62, 132

P

PDCA ··································· 6
PDSA ··································· 6
PMRI ································· 156
POMS2 ································ 158
PrEmo1 ······························· 155
PrEmo2 ······························· 155
Product Reaction Card ················ 136

Q, R

QUIS ································· 133
RITEメソッド ·························· 55

S, T

SAM ·································· 153
SD法 ······················· 62, 138, 140
Semantic Differential ················ 138
STC ··································· 52
SUPR-Q ······························· 131
SUS ······························ 53, 62
SUS得点 ····························· 129
TFD ·································· 165

U

UCD ··································· ii
User Experience ······················· iv
UX ····························· iv, 4, 6
UXカーブ ···························· 173
UXグラフ ······················· 174, 175
UXの総合的指標 ······················ 142
UX白書 ·························· 173, 179
UX評価 ······················ 7, 146, 179

W

W3C ··································· 29
WAMMI ······························· 134
WCAG ································· 29
Web Usability Evaluation Scale ···· 135
Webアンケート ······················· 100
WUS ·································· 62

あ

挨拶 ·································· 82
アイスブレイキング ···················· 85
アイトラッキング ······················ 58
アクシャルコーディング ·············· 164
アシスト ······························ 61
アップル・ヒューマンインタフェース・ガイドライン ·············· 16
アテンド係 ···························· 88
アフォーダンス ······················· 24
一貫性 ································ 25
一貫性インスペクション ··············· 13
意味記憶 ····························· 168
インクリメンタルデザイン ·············· 4
因子分析 ····························· 135
インスペクション法 ···· 8, 10, 12, 94
インフォーマント ···················· 149
運動機能 ······························ 40
運動障害 ······························ 36
エキスパートレビュー ···· 12, 42, 95, 104, 121, 145
エピソード記憶 ······················· 168
エラー ································ 61
オープンクエスチョン ·················· 85
音声ブラウザ ·························· 31

か

外観 ································· 131
回顧的なUX ·························· 167
回顧法 ···················· 58, 80, 86, 90
改善案の策定 ·························· 44
概念依存性分析 ······················ 143
開発プロセス ························· 178
科学的管理法 ·························· 50
科学的研究 ·························· 144
覚醒度 ·························· 151, 152
カスタマーロイヤルティ ············· 132
仮説 ································· 144
課題分割 ······························ 27
片側尺度 ····························· 138
価値考慮的アプローチ ················ 170
画面記録ソフト ························ 71
観察 ································· 144
観察係 ································ 88
感情 ····························· 148, 150
感情価 ·························· 151, 152

感情グリッド ……………… 151, 152
感情グリッド改良版 …………… 153
感性 ………………………………… 148
感性的イメージ ………………… 128
感性的品質 ……………………… 140
記憶ベース ……………………… 148
記憶力の低下 ……………………… 39
機材 ………………………………… 69
疑似的経験 ………………………… 8
技術中心主義 ……………………… iii
基準 ………………………………… 64
期待感 …………………………… 147
気づき …………………………… 119
機能インスペクション …………… 13
気分 ……………………………… 150
気分調査票 ……………………… 158
客観的な達成 ……………………… 90
客観的品質 …………………… 4, 5, 6
客観的利用時品質 ……………… 142
教示文 ………………………… 73, 78
記録係 ……………………………… 88
記録機材 …………………………… 70
記録担当者 ………………………… 63
クライアント ……………………… 99
クリッカブルマップ ……………… 65
クリップボード …………………… 71
ケアレスミス …………………… 118
経験サンプリング法 …………… 159
経験想起法 ……………………… 177
ゲイズプロット …………………… 58
形成的評価 ………………………… 56
形容詞 …………………………… 138
工学的開発 ……………………… 144
構成的アプローチ ……………… 170
高齢者 ……………………………… 28
ゴール ……………………………… 74
顧客満足度の指標 ……………… 132
顧客ロイヤルティ ……………… 132

さ

再生 ………………………………… 26
再認 ………………………………… 26
サンプルサイズ ………………… 149
視覚障がい者 ……………………… 28
色覚障害 …………………………… 33
シグニファイア …………………… 24
事後アスキング ……… 85, 86, 114

思考発話法 ……………… 57, 63, 80
事前アスキング …………………… 85
肢体不自由 …………………… 28, 36
肢体不自由者 ……………………… 28
実施環境 …………………………… 69
実用的品質 ……………………… 140
質問紙法 …………………… 10, 158
シニアへの配慮 …………………… 38
事務手続き ………………………… 82
弱視 ………………………………… 32
謝礼 …………………………… 68, 87
集計 ………………………………… 89
主観的側面 ……………………… 136
主観的な達成 ……………………… 90
主観的品質 ………………………… 4
主観的利用時品質 ………… 6, 142
主旨説明 …………………………… 82
主成分分析 ……………………… 140
シュナイダーマン ………………… 16
準リアルタイム ………………… 162
障がい者 …………………………… 28
情動 ……………………………… 150
初期化 ……………………………… 87
視力の低下 ………………………… 38
進行シート …………………… 76, 107
人工物 ……………………………… ii
深刻度の評価 ……………………… 44
身体障がい者 ……………………… 28
信用性 …………………………… 131
信頼性 ……………………………… 41
人類中心 …………………………… ii
スクリーニング …………………… 66
生理学的手法 ……………………… 10
設計案 …………………………… 145
設計ガイドライン ………………… 12
設計時の品質 ……………………… iii
設計時品質 ………………………… 4
セッションの流れ ………………… 81
全盲 ………………………………… 30
専門家 ……………………………… 22
専門家評価 ………………………… 42
総括的評価 ………………………… 53
操作ステップ数 …………………… 91
想定ユーザー ……………………… 66
総評 ………………………………… 45
測定 ………………………………… 2
粗点 ……………………………… 129

た

対応付け …………………………… 25
対象ユーザー層 …………………… 64
タイムキーパー …………………… 88
対面型ユーザビリティテスト …… 56
多元的ウォークスルー …………… 13
タスク ………………………… 64, 85
タスク設計 ………………………… 72
タスク達成時間 …………………… 61
タスク達成率 ……………………… 60
タスク内容 ………………………… 73
達成時間 …………………………… 90
達成度 ……………………………… 89
達成率 ……………………………… 89
多様性 ……………………………… 28
短期記憶 …………………………… 39
チェックリスト …………………… 12
知覚されたユーザビリティ …… 128, 130
聴覚・言語障がい者 ……………… 28
聴覚障害 …………………………… 34
聴覚障がい者 ……………………… 36
長期記憶 …………………… 39, 167
提案 ………………………………… 45
ディスカウント・ユーザビリティ工学… 54
定性的な観察 ……………………… 75
定性的な測定 ……………………… 2
定量的な測定 ………………… 2, 75
データ分析 ……………………… 144
デザイン・ガイドライン ………… 15
デザイン原則 ……………………… 15
デザイン思考 ……………………… 6
投影法 …………………………… 156
同期型リモート・ユーザビリティテスト … 59
瞳孔径 ……………………………… 58
統計的な処理 …………………… 128

な

内部障がい者 ……………………… 28
内面の情報 ……………………… 128
日記法 …………………………… 162
人間中心主義 ……………………… iii
人間中心設計 ………………… ii, 146
人数 ………………………………… 68

認知心理学 …………………………… 15
認知的ウォークスルー ………… 12, 13, 98
認知的バイアス …………………… 22
ネット・プロモーター・スコア …… 87
能力 ………………………………… 4

は

バイアス …………………………… 18
背景説明 …………………………… 73, 80
パイロットテスト ………………… 88
バグ ………………………………… 99
白内障 ……………………………… 38
ヒートマップ ……………………… 58
ビデオの見直し …………………… 120
非同期型リモート・ユーザビリティテスト …………………………… 59
ヒューマン・コンピュータ・インタラクション …………………… 18
ヒューリスティック評価 ……… 12, 13
評価 ………………………………… 145
評価概要 …………………………… 45
評価結果の取りまとめ …………… 44
評価結果のマージ ………………… 44
評価の実施 ………………………… 43
評価の準備 ………………………… 42
表現 ………………………………… 20
標準インスペクション …………… 13
表情 ………………………………… 154
フィードバック ………………… 26, 179
フォーマル・ユーザビリティ・インスペクション ……………………… 14
フラッシュレポート ……………… 93
フルレポート ……………………… 93
プロダクトリリース ……………… 57
プロトタイピング・ツール ……… 66
プロトタイプ ……………………… 56
プロフィール ……………………… 139
分析 ………………………………… 118
文脈依存性 ………………………… 19
ペーパプロトタイピング ………… 65
編集 ………………………………… 162
報告書 ……………………………… 92
募集アンケート …………………… 67

ま

マジックミラー …………………… 69
マニュアルの評価 ………………… 52
満足感 ……………………………… 142
満足度 …………………………… 62, 143
ミーティング ……………………… 44
迎え入れ …………………………… 82
メタファー ………………………… 23
メモ ………………………………… 119
面接 ………………………………… 144
メンタルモデル …………………… 20
モックアップ ……………………… 65
モデレーター ……… 63, 69, 76, 79, 83, 87, 114
モニタリング ……………………… 70
問題点 ……………………………… 45

や・ゆ・よ

ユーザーインタフェースデザイン …… 23
ユーザーインタフェース要素 …… 64
ユーザー経験 ……………………… iv
ユーザー体験 ……………………… iv
ユーザー中心設計 ………………… ii
ユーザー調査 …………………… iii, 179
ユーザーテスト …………………… 83
ユーザエクスペリエンス ………… iv
ユーザビリティ ……… 5, 131, 142, 146
ユーザビリティテスト …… 10, 12, 15, 55, 128, 145, 157
ユーザビリティ評価 ……………… 6
ユーザビリティ評価研究談話会 …… 52
ユーザビリティラボ ……………… 51
ユニバーサルデザイン …………… 15
要求事項 …………………………… 145

ら

ラップアップ ……………………… 89
ランディングページ ……………… 58
リアルタイム ………………… 151, 158
リクルーティング ………………… 104
リクルート ………………………… 66
リコール制度 ……………………… 3
リッカート評定尺度 ……………… 62
リニューアル ……………………… 56
リモート・ユーザビリティテスト …… 51, 53
リモートテスト …………………… 15
両側尺度 …………………………… 138
利用経験 …………………………… 8
利用時品質 ……………………… 4, 6
利用年表共作法 …………………… 169
利用プロセス ……………………… 178
ロイヤルティ ……………………… 131
老眼 ………………………………… 38

◆著者略歴

黒須 正明（くろす まさあき）
1978年早稲田大学文学研究科（博士課程心理学専修）単位取得満期退学。日立製作所中央研究所、デザイン研究所でインタフェースやユーザビリティの研究を行う。1996年に静岡大学に赴任してユーザ工学の体系化を行い、2001年メディア教育開発センター教授、さらに放送大学教授を経て、2017年に放送大学を定年退職。以後、人間と人工物の適切な関係構築法という課題に多元的に取り組んでいる。「何によって何をどのようにし、どのような結果を得て、自己に有意義にするか」がアプローチの基本。

樽本 徹也（たるもと てつや）
利用品質ラボ代表。UXリサーチャ／ユーザビリティエンジニア。ユーザビリティ工学が専門で、特にユーザー調査とユーザビリティ評価の実務経験が豊富。現在は独立系UXコンサルタントとして幅広い製品やサービスの開発を支援している。著書に『アジャイル・ユーザビリティ』（2012年、オーム社）、『ユーザビリティエンジニアリング』（2014年、オーム社）、『UXリサーチの道具箱』（2018年、オーム社）などがある。ワークショップの達人としても有名で、テクノロジー系カンファレンスにおける講演も多数。

奥泉 直子（おくいずみ なおこ）
小樽商科大学情報科学科（現 社会情報学科）卒業。中京大学情報科学研究科認知科学専攻、修士課程通信教育課程修了。2004年より、フリーランスのUXリサーチャーとして分野を問わず数多くのユーザー調査やユーザビリティ評価に従事。接してきたユーザーの数は延べ1000人を超える。共著書に『マーケティング／商品企画のための ユーザーインタビューの教科書』（2016年、マイナビ出版）、訳書に『Webサイト設計のためのデザイン＆プランニング』（2012年、マイナビ出版）などがある。

古田 一義（ふるた かずよし）
中京大学心理学科卒業。同大学院情報科学研究科認知科学専攻修了。株式会社ノーバス（現U'eyes Design）を経て、2001年よりフリーランスのユーザビリティスペシャリストとして活動。モバイル機器、車載機器、ソフトウェア、Webサイト、産業機器などあらゆるジャンルのユーザビリティ評価を経験。最近はその実践ノウハウを広めるべく、産業技術大学院大学の社会人向け履修証明プログラム「人間中心デザイン」や企業研修で、実践演習形式のユーザビリティ評価導入支援プログラムに取り組む。共著に『マーケティング／商品企画のための ユーザーインタビューの教科書』（2016年、マイナビ出版）がある。

佐藤 純（さとう じゅん）
2012年よりマミオン有限会社にてパソコン教室インストラクター兼UX・ユーザビリティコンサルタントとして従事。高齢者が多く通塾する環境を活かし、生々しい知見をベースとしたウェブサイトやハードウェアの調査分析、改善提案、研修業務等を担当。「高齢者とユーザビリティ」をテーマにした各種登壇や寄稿も多数。その後、フリーランスを経て、現在は業務システムのUI/UX設計業務等に従事。HCD-Net認定人間中心設計専門家。『シニアが使いやすいウェブサイトの基本ルール』（2014年、グラフィック社、監修）がある。

◆編者略歴

黒須 正明（くろす まさあき）　放送大学名誉教授

松原 幸行（まつばら ひでゆき）　UXコラムニスト

八木 大彦（やぎ おおひこ）　公立はこだて未来大学名誉教授

山﨑 和彦（やまざき かずひこ）　武蔵野美術大学教授

HCDライブラリー第7巻
人間中心設計における評価
© 2019 Masaaki Kurosu, Tetsuya Tarumoto, Naoko Okuizumi, Kazuyoshi Furuta, Jun Sato

Printed in Japan

2019年4月30日　初版第1刷発行

編　者　黒須正明、松原幸行、八木大彦、山崎和彦
著　者　黒須正明、樽本徹也、奥泉直子、古田一義、佐藤純
発行者　井芹昌信
発行所　株式会社 近代科学社
　　　　〒162-0843　東京都新宿区市谷田町2-7-15
　　　　電話　03-3260-6161
　　　　振替　00160-5-7625
　　　　https://www.kindaikagaku.co.jp

加藤文明社
ISBN978-4-7649-0588-7
定価はカバーに表示してあります。